SYNOPSIS

DES

HÉMIPTÈRES-HÉTÉROPTÈRES

DE FRANCE,

Par le Docteur PUTON,

2e PARTIE.

Famille des TINGIDIDES.

Insectes de petite taille et de formes très-variées. Antennes à quatre articles. Tarses à deux articles. Pas d'ocelles (excepté les Piesma). Bec triarticulé, logé dans un sillon profond, limité par des lames réticulées. Écusson caché par un prolongement du pronotum (excepté les Piesma), caractère qui ne se retrouve que dans les Hydrométrides. Tête souvent épineuse. Élytres homogènes, réticulées, sans distinction de corie, clavus, ni membrane (excepté dans le genre Piesma, où il y a un clavus et une membrane, mais celle-ci présente à la base, chez les macroptères, une bande réticulée et chez les brachyptères, elle est entièrement réticulée). Un grand nombre de genres présentent sur le bord antérieur du pronotum une sorte d'ampoule ou renflement vésiculeux réticulé.

Insectes vivant sur les végétaux dont ils paraissent pomper les sucs.

Les élytres étant construites sur un type différent des autres familles, il convient d'y distinguer de dehors en dedans les parties suivantes, séparées par des côtes ou nervures élevées :

1° *La marge* (*Randfeld* : Fieber ; *costa ou membrana costæ* : Stål) ;

2° *L'espace latéral* (*Seitenfeld* : Fieber ; *area costalis* : Stål.) ;

3° *L'espace discoïdal* (*Mittelfeld* Fieber; *area discoïdalis*; Stål). Dan les Piesma il est double ou partagé par une nervure longitudinale;

4° *L'espace sutural* chez les brachyptères ou *apical* chez les macrop tères. L'espace apical correspond à la membrane des autres familles.

TABLEAU DES TRIBUS.

1° Piesmini. — Écusson découvert. Clavus distinct de la corie. Mem brane entièrement réticulée chez les brachyptères; avec une bande réti culée à la base chez les macroptères, la portion non réticulée avec quatr nervures longitudinales. Espace discoïdal de la corie partagé en deux pa une nervure longitudinale. Joues prolongées en forme de cornes d chaque côté de l'épistome. Des ocelles au moins chez les macroptères. Le deux derniers segments abdominaux avec un petit tubercule à l'angl postérieur externe dans les deux sexes.

2° Tingidini. — Écusson recouvert par un prolongement triangulair ou processus du pronotum. Clavus nul ou confondu avec la corie (except Cantacader); membrane entièrement réticulée, confondue avec la corie o nulle. Espace discoïdal de la corie non partagé en deux par une nervur longitudinale. Joues non corniformes; vertex souvent épineux. Pa d'ocelles. Canal rostral plus long, formé de lames élevées, ordinairemen réticulées dans toute leur étendue.

Trib. 1. PIESMINI.

Un seul genre :

PIESMA. *Lep. et S.*

(ZOSMENUS. *Lap.*).

Les insectes de ce genre sont éminemment dimorphes et les deux formes très-distinctes l'une de l'autre, ce qui rend leur étude assez difficile.

1 (6) Trois carènes longitudinales sur la moitié antérieure du pronotum.

2 (3) Côtés du pronotum droits, non sinués, explanés, non réfléchis; angles antérieurs arrondis, mais dilatés, lamelliformes.

1 P. QUADRATA. *Fieb.* Ovale allongé, grisâtre, flave ; pronotum en carré transverse ; marge, surtout aux angles antérieurs, explanée, lamelliforme, non réfléchie, disque divisé en deux lobes, dont l'antérieur plus court, par un sillon transverse, qui latéralement se courbe vers les angles postérieurs. Écusson brun, sa pointe formée par un tubercule blanchâtre. Élytres ordinairement marquées de taches obsolètes quadrangulaires, brunâtres ; la marge avec de petites taches régulièrement espacées. Dessous, pattes et antennes pâles. Ordinairement macroptère : Long. 3 $^1/_4$; quelquefois brachyptère : Long. 2 $^3/_4$. Ces derniers généralement pâles, sans taches, variété qui est plus rare chez les macroptères.

France surtout maritime, plus commun dans le midi : Dunkerque, Abbeville, Guignes, Granville, Cette, Hyères, Nîmes, La Nouvelle (sur les Atriplex), Toulouse, Landes (sur Herniaria glabra : Perris), Corse. — Sur les *Schoberia*, *Chenopodium* et *Salsola* en Hongrie (Horvath).

3 (2) Côtés du pronotum sinués avant l'angle antérieur, qui est moins dilaté en lame et par conséquent le pronotum rétréci en avant, marge plus réfléchie.

4 (5) Joues dépassant notablement l'épistôme et arquées au sommet. Insecte plus grand, plus aplati ; élytres peu élargies.

2 P. VARIABILIS. *Fieb.* Très-voisin du précédent pour la taille, la forme et les variétés, en diffère surtout par la forme du pronotum dont la marge foliacée est bien plus étroite, non dilatée aux angles antérieurs, plus relevée, la sinuosité de cette marge avant l'angle. Très-variable de couleur, rarement aussi tacheté que le précédent, plus souvent entièrement pâle, sans taches. Long. 3.

ARCACHON. Dax (commun sur l'*Helianthemum guttatum* : Duverger). Un seul exemplaire brachyptère de Paris (localité douteuse). Tous les autres de France que j'ai vus sont macroptères. En Hongrie sur *Salsola Kali* (Horvath).

5 (4) Joues dépassant à peine l'épistome et droites en avant. Insecte bien plus petit, plus convexe, plus fortement ponctué et à élytres très-courtes et très-larges.

3 P. Pupula. ***Put. nov. sp.*** En ovale court et élargi en arrière; élytres beaucoup plus larges que le pronotum; corps convexe, à ponctuation du pronotum et des élytres très-forte. Couleur variable, tantôt uniformément d'un testacé grisâtre, tantôt plus foncé avec les élytres parsemées de petites taches d'un brun grisâtre, la base des élytres et le bord antérieur du pronotum blanchâtres; ventre flavescent, poitrine un peu brunâtre. Pronotum un peu plus étroit en avant qu'en arrière, très-convexe au milieu, très-déclive latéralement, marge très-étroite, non explanée, très-légèrement sinuée avant l'angle antérieur qui est arrondi; carènes du disque visibles sur les trois quarts antérieurs, non coupées par un sillon transverse; de chaque côté du disque et vers le tiers antérieur de la longueur une fossette noirâtre. Élytres à côtes très-fortes. Pas de macroptères connus. Long. 1 $^3/_4$.

Corse : M. Damry. — J'en ai trouvé un exemplaire à Biskra, qui ne me paraît pas en différer.

Obs. Le ***P. atriplicis***, *Frey*, de Russie méridionale et de Bône, se trouvera peut-être dans nos départements méridionaux; il est à peine plus grand que le précédent, mais plus régulièrement ovalaire, plus déprimé; son pronotum est beaucoup plus large, sa marge explanée comme dans le *P. Quadrata;* les carènes discoidales sont presque entières et un fort calus se trouve près des angles postérieurs.

6 (1) Deux carènes longitudinales sur la moitié antérieure du pronotum.

7 (8) Pronotum non rétréci en avant, très-faiblement sinué latéralement

4 P. Maculata. ***Lap.*** (***Laportei. Fieb***). Ovale allongé, d'un testacé grisâtre assez obscur; tête noire; bord antérieur du pronotnm blanchâtre; élytres ordinairement avec des taches brunâtres quadrangulaires plus ou moins obsolètes et la base blanchâtre. Pronotum assez large, non rétréci en avant, marge très-étroite en arrière, plus large, lamellaire et relevée en avant, où elle présente trois lignes de points; une forte sinuosité un peu avant le milieu des côtés. Disque du pronotum assez convexe, les deux carènes prolongées jusque vers le milieu. Long. 2 $^1/_2$—3. Les exemplaires entièrement flaves sans taches sont très-rares. — Espèce ordinairement macroptère, plus rarement brachyptère (***Antica Steph. Fieb.***).

Toute la France ; moins commune que l'espèce suivante, sans être rare.

8 (7) Pronotum rétréci en avant, à sinuosité latérale très-faible, marges membraneuses plus étroites.

5 P. Capitata. *Wolff.* (*Pallida Costa*). Espèce très-voisine de la précédente, plus étroite, d'une couleur plus uniforme, les élytres ordinairement d'un gris brun sans taches avec la base blanchâtre. Pronotum plus rétréci en avant, à sinuosité latérale très-faible, marge moins large et moins élevée en avant où elle ne présente qu'une série de points. Les exemplaires brachyptères (Stephensi Fieb.), au moins aussi communs que les macroptères Long. 2 $^{1}/_{4}$ — 2 $^{1}/_{2}$.

Toute la France, très-commun sur les Chénopodiacées.

Trib. 2. TINGIDINI.

TABLEAU DES DIVISIONS.

1 (2) Clavus distinct. Processus du pronotum obtus. (Tête allongée, à quatre longues épines ; lames rostrales (bucculæ) prolongées en avant, convergentes et dépassant le sommet de la tête, non prolongées en arrière ; les deux premiers articles des antennes très-courts, le deuxième ne dépassant pas le sommet de la tête, le troisième très-long et grêle, glabre ; côte externe de la marge des élytres double (vue de côté) et formée par deux nervures séparées par une rangée de cellules).

Cantacaderaria.

2 (1) Clavus indistinct. Processus du pronotum aigu. Tête courte ; lames rostrales prolongées en arrière et non en avant.

3 (4) Bords latéraux du pronotum obtus, à peine carénés. Élytres convexes, à peine visiblement carénées ; l'espace discoïdal non

distinct du latéral et du sutural. (Bord antérieur du pronotum non vésiculeux, marge des élytres non membraneuse).

Serenthiaria.

4 (3) Bords latéraux du pronotum fortement carénés ou membraneux, plans, réfléchis ou même appliqués contre les côtés. Corie bien divisée par des côtes en espaces latéral, discoïdal et sutural ou apical.

Tingidaria.

Div. I. CANTACADERARIA.

Un seul genre :

CANTACADER. *Am. Serv.*

1 C. Quadricornis. *Lep.* (*Staudingeri Baer.*). D'un jaunâtre pâle, moucheté de brun ou de noirâtre. Pronotum fortement atténué d'arrière en avant, ses côtés droits non arqués, sa marge latérale fortement relevée, assez étroite, à cellules petites, sur deux rangs en avant et en arrière et sur trois au milieu, angle antérieur prolongé en pointe aiguë; cinq carènes discoïdales à un rang de petites cellules, la médiane et les deux latérales internes droites, atteignant le bord antérieur, mais coupées un peu avant ce bord, où on remarque une apparence de renflement vésiculeux en forme de plaque transverse quadrilatère; les carènes latérales externes, arquées et réunies aux internes vers le tiers antérieur. Élytres à cellules très-fines; espace discoïdal un peu plus étroit que le latéral, sa nervure externe droite, forte; une nervure transverse peu élevée le partage en deux et se continue sur l'espace latéral; marge large, à séries de petites cellules mal alignées au nombre de trois au milieu et de cinq à l'extrémité. Long. 4 $^1/_2$.

Espèce méridionale, rare : Fréjus, Hyères, Arles, Béziers, Toulouse, Corse. — Aussi Caucase, Grèce et Espagne.

Var. Staudingeri. Fieb. nec Baer. Je possède des exemplaires de Bone, qui ont la marge du pronotum bien plus large, moins relevée et à bord externe arqué au lieu d'être droit; cette marge présente trois rangs de cellules aux angles antérieurs et postérieurs et cinq au milieu, l'angle antérieur est moins aigu; l'espace discoïdal des élytres est aussi large que le latéral. Ces caractères s'amoindrissent chez quelques exemplaires, surtout ceux de Corse, qui montrent le passage entre les deux formes.

Obs. La figure et la description du *C. Staudingeri* de Bærensprung s'appliquent parfaitement au *Quadricornis* que cet auteur ne connaissait pas. La description du *Staudingeri* de Fieber s'applique, en grande partie, mais non complètement, à nos exemplaires de Bone.

Div. 2. SERENTHIARIA.

Un seul genre :

SERENTHIA. *Spin.*

(AGRAMMA. *Westw.*).

Les insectes de ce genre vivent dans les marais sur les joncs [1].

1 (2) Disque du pronotum jaunâtre. Troisième article des antennes plus long que les deux premiers réunis. Pronotum marginé latéralement.

1 S. ATRICAPILLA. *Spin.* Allongée, filiforme, jaunâtre; tête et dessous du corps noirs; pronotum avec une bande noirâtre un peu après le bord antérieur; processus du pronotum finement caréné au milieu; élytres à cellules bien formées à l'extrémité, marge avec une série de cellules bien visibles, une côte longitudinale fine séparant l'espace discoïdal de l'espace latéral. Long. 3.

Espèce méridionale : Nice, Fréjus, Hyères, Béziers, Toulouse, Dax, Corse.

2 (1) Disque du pronotum noir. Troisième article des antennes de la

(1) Un genre très-éloigné de celui-ci, les Livia de la famille des Psyllides, se trouve dans les mêmes conditions, et présente avec lui des analogies mystérieuses, mais frappantes, que l'on ne peut s'empêcher de signaler.

longueur des deux précédents réunis. Pronotum non marginé latéralement.

3 (4) Antennes entièrement jaunes.

2 S. Ruficornis. *Germ.* Ne diffère de la *S. Læta* que par ses antennes entièrement d'un jaune roux, sensiblement plus longues le troisième article non aminci à l'extrémité. Long. 1 3/4.

Rare : Lille, Landes, Hyères.

4 (3) Antennes en grande partie noires.

5 (6) Taille 1 3/4 m. Membrane non distincte du reste de l'élytre, à cellules ponctiformes.

3 S. Læta. *Fall.* Oblongue, noire, glabre, brillante, pattes rousses, bord antérieur et processus du pronotum et élytres d'un jaune blanchâtre; extrémité du 3e article des antennes et base du quatrième étroitement rougeâtres; le troisième article des antennes graduellement et faiblement aminci vers le sommet. Long. 1 3/4.

Toute la France et la Corse, commune sur les joncs.

6 (5) Taille 3 m. Membrane plus distincte, à cellules polygonales; série marginale des élytres plus large; pronotum plus convexe.

4 S. Femoralis. *Thms. Var.* Confusa. *Put.* (*Læta Flor*). Ne diffère de la *S. Læta* que par les caractères ci-dessus indiqués, on peut ajouter que le troisième article des antennes est roux sur sa moitié terminale et le quatrième sur sa moitié basale. Long. 3.

Le type, qui se trouve en Suède, a les fémurs bruns, mais n'a pas encore été trouvé en France; en Livonie il paraît mélangé à la variété (*Flor*). Amyot et Serville, p. 300, avaient déjà été frappés des différences de taille dans la *S. Læta* et y avaient soupçonné deux espèces. Peut-être ne faut-il y voir qu'une forme macroptère.

Vosges, Lyon, Tarbes, Gers, Corse. — Aussi en Espagne.

Div. 3. TINGIDARIA.

TABLEAU DES GENRES.

1 (10) Canal rostral ouvert en avant.

2 (7) Espace discoïdal non en toit. Élytres opaques au moins au centre.

3 (6) Antennes grèles, sans aspérités tuberculeuses; le quatrième article plus épais que le troisième.

4 (5) Bord antérieur du pronotum sans renflement vesiculeux. Espace discoïdal des élytres courbé, sinué en dedans. Front avec deux épines très-petites, rapprochées l'une de l'autre.

Campylostira.

5 (4) Bord antérieur du pronotum avec un renflement vésiculeux avancé sur la nuque. Espace discoïdal des élytres non courbé, son bord interne droit ou arrondi. Front avec deux épines distantes à la base, subdivergentes au sommet.

Orthostira.

6 (3) Antennes épaisses, avec des aspérités tuberculeuses, le troisième article aussi épais que le quatrième.

Dictyonota.

7 (2) Espace discoïdal des élytres obliquement élevé et formant avec l'espace latéral une élévation vésiculeuse ou en toit. Marge du pronotum anguleusement prolongée en avant et dépassant le niveau des yeux. Élytres vitrées, à grandes cellules.

8 (9) Épines de la tête très-courtes et assez épaisses. Carènes latérales du pronotum non conchiformes; élytres sans ampoule vésiculeuse. Marge des élytres bisériée.

Derephysia.

9 (8) Épines de la tête longues et grèles, plus longues que la tête (1). Carènes latérales du pronotum très-élevées et recourbées en coquilles, la médiane vésiculeuse en arrière. Espace discoïdal et

(1) Le Galeatus inermis Jak. de la Russie mérid. a la tête mutique.

latéral des élytres formant une ampoule vésiculeuse. Marge des élytres unisériée.

GALEATUS.

10 (1) Canal rostral fermé en avant, les lames étant convergentes et soudées en avant.

11 (12) Espace discoïdal obliquement élevé et formant avec l'espace latéral une élévation vésiculaire ou en toit, non fermé au sommet. (Élytres vitrées, à grandes cellules, beaucoup plus longues et plus larges que l'abdomen; ampoule du pronotum très-grande et vésiculeuse; antennes et pattes très-longues et très-grêles. Marge du pronotum prolongée en avant jusqu'aux yeux).

TINGIS.

12 (11) Espace discoïdal des élytres horizontal, déprimé ou enfoncé, bien limité par des côtes caréniformes réunies en arrière. Marges du pronotum ne dépassant pas en avant le niveau des yeux. Élytres non transparentes.

13 (14) Troisième et quatrième articles des antennes très-épais, le quatrième non inséré dans l'axe du troisième.

EURYCERA.

14 (13) Quatrième article des antennes dans l'axe du troisième.

MONANTHIA.

CAMPYLOSTIRA. *Fieb.*

1 C. VERNA. *Fall.* (*Brachycera Fieb.*). Ovale allongée, d'un brun ferrugineux obscur; antennes à fine pubescence couchée, aussi longues au moins que la tête et le pronotum, les deux premiers articles courts, noueux, le troisième long, cylindrique, le quatrième ovalaire. Pronotum atténué en avant, son bord antérieur échancré en demi cercle, légèrement renflé et obsolétement aréolé; marge droite extérieurement, avec une série de sept à huit petites cellules et en dedans, en avant, le commencement d'une série interne de deux ou trois cellules un peu plus grandes; disque déprimé, ponctué, avec trois carènes non visiblement aréolées. Marge élytrale costiforme; à peine visiblement aréolée, excepté à la base où on aperçoit quatre cellules plus grandes; espace latéral avec deux séries de grandes cellules quadrangulaires; espaces discoïdal et sutural réunis avec trois séries de grandes cellules. Long. 1 $^1/_2$.

Au printemps, sous les mousses, souvent avec les fourmis : Lille, Vosges, Metz, Lyonnais.

Tous les exemplaires connus de ce genre sont brachyptères et ont même les élytres imparfaites et non contigues à la suture, mais M. Lethierry a trouvé dans le marais d'Emmerin, près de Lille, un exemplaire macroptère très-remarquable et qui mérite une description spéciale :

Notablement plus grand que le *C. Verna Brach.*; marge du pronotum très-légèrement sinuée à la moitié antérieure avec des cellules quadrangulaires bien régulières au nombre de sept, et en dedans de cette série deux cellules plus grandes ; la plus grande en avant, la seconde plus petite, suivie même d'une troisième à peine visible ; bord antérieur d'égale largeur à petites cellules régulières ; carènes longitudinales parallèles, assez élevées et à cellules très-petites, mais régulières ; disque du pronotum ponctué et très-convexe. Élytres : marge avec une série de petites cellules quadrangulaires, régulières et bien visibles, les deux ou trois à la base plus larges ; espace latéral à deux séries de cellules quadrangulaires ; espace discoidal avec deux séries de cellules irrégulières et en son centre le commencement d'une troisième série formée de deux cellules oblongues, polygonales ; espace sutural se dilatant en arrière en espace apical unisérié à la base, bi et triserié à l'extrémité.

Malgré ces différences énormes, je suis disposé à regarder cet insecte comme la forme macroptère de la *Verna* ; mais il faut attendre la découverte d'autres exemplaires pour se prononcer.

Obs. 1. Je ne connais pas les *C. Fallenii* et *Sinuata* de Fieber, cependant je ne serais pas étonné que la *Fallenii* fût une forme intermédiaire entre la *Verna brach.*, et la forme macroptère décrite ci-dessus ; quant à la *C. Sinuata* elle n'est peut-être qu'un exemplaire un peu anormal de la *Verna*, dans laquelle ont voit quelquefois les côtés du pronotum un peu sinués avant l'angle antérieur.

Obs. 2. *La C. Ciliata. Fieb.*, qui se trouve en Algérie (et en Bohême, d'après Fieber), se rencontrera peut-être un jour en France ; elle est très-distincte par ses cellules plus grandes et les cils raides et espacés, qui se remarquent sur le bord externe du pronotum et des élytres.

ORTHOSTIRA. *Fieb.*

(ACALYPTA *Westw. Stål.*).

1 (8) Pronotum avec une seule carène.

2 (5) Espace sutural unisérié vers le milieu. Cellules des marges grandes et faciles à compter.

3 (4) Espace discoïdal prolongé et acuminé en arrière.

1 O. Musci. *Schr.* (*Cassidea. Fieb.*)(1). En ovale très-large, d'un testacé brunâtre; marge du pronotum avec trois séries de cellules égales, angles antérieurs tantôt aigus, prolongés, tantôt obtus; marge élytrale avec deux rangs de cellules assez grandes et trois à l'extrémité; espace discoïdal plan avec cinq séries de petites cellules ponctiformes, sa nervure externe droite ou un peu arquée en dehors; espace latéral avec quatre séries; espace sutural uniserié avant le milieu, puis bi et triserié après. Premier article des antennes très-légèrement mais non brusquement épaissi à la base. Long. 3.

Var. Ditata. Put. Marge élytrale plus large, trisériée à la base et à l'extrémité, bisériée au tiers moyen seulement; marge du pronotum quadrisériée.

Le type, très-rare en France (un exemplaire de la grande Chartreuse), est plus commun en Hongrie et en Styrie; la variété est plus commune en France qu'en Autriche; elle se trouve sous les mousses comme toutes les espèces du genre et semble préférer les régions élevées : Vosges, Pilat, Alpes, Pyrénées.

Fieber a décrit le type, Stål la variété et même celui-ci indique des exemplaires à marge élytrale entièrement trisériée.

4 (3) Espace discoïdal raccourci, tronqué et obtus en arrière.

(1) O. Uniseriata. *Put. Nov. Sp.* — Extrêmement voisine de l'*O. Musci*, d'un testacé plus jaune, plus petite et surtout plus étroite; marge des élytres bien plus étroite, bisériée à la base et à l'extrémité, unisériée au milieu, espace discoidal un peu plus ample proportionnellement et plus prolongé en arrière; marge du pronotum trisériée; ampoule thoracique plus obtuse, moins acuminée en avant. Caucase (Leder).

2 O. Nigrinervis. *Stål*. Très-voisine de *O. Musci var. ditata*, mais un peu plus étroite, corps, antennes et cuisses noirs ; réseau noir ; antennes un peu plus épaisses ; marge du pronotum trisériée, la série interne formée de cellules plus grandes et transverses ; espace discoïdal court, tronqué droit postérieurement, sa surface plus excavée, à cellules un peu plus grandes que le latéral et sur quatre rangées confuses, côte externe un peu arquée en dedans ; espace sutural à une série avant le milieu et seulement deux après. Long. 3.

Le type, que je possède, est de Madrid ; mais M. Pandellé en a trouvé dans les Hautes-Pyrénées, à Aragnouet (1,500 à 2,000 m.) des exemplaires qui n'en diffèrent que par la couleur qui est ordinairement la même que dans l'*O. Musci* mais qui cependant présentent souvent le réseau en partie plus ou moins noir. M. Mayet a aussi trouvé cette espèce à Belesta (Ariège).

5 (2) Espace sutural bisérié sur presque toute sa longueur. Cellules des marges plus petites.

6 (7) Cellules des marges petites et difficiles à compter. Corps atténué graduellement en avant et en arrière Dessus d'un jaune brunâtre à macules brunes ; tête noirâtre.

3 O. Brunnea. *Germ.*, (*Concinna. Dgl. Sc.*). D'un jaune brunâtre avec quelques mouchetures brunes sur les élytres ; plus petite et plus convexe que l'*O. Musci*, marges du pronotum et des élytres plus étroites, la première confusément trisériée, la deuxième bisériée avec le milieu unisérié. Espace discoïdal avec quatre à cinq séries irrégulières de cellules ponctiformes. Tête et fémurs brunâtres. Epines céphaliques courtes. Long. 2 1/4.

Très-rare ; forêt de Mormal (Nord).

7 (6) Cellules des marges plus apparentes, quoique moins que dans les *O. Musci* et *Cervina*. Corps très-peu atténué en avant et en arrière, entièrement d'un flavescent très-pâle.

4 O. Suturalis. *Put. Nov. Sp.* D'un flave gris très-pâle, dernier article des antennes brun. Épines céphaliques un peu plus courtes que le premier article des antennes. Marge du pronotum très-

large, légèrement relevée en gouttière, à trois ou quatre rangées de cellules, aussi large à l'angle antérieur, qui est peu avancé, qu'à l'angle postérieur; ampoule du bord antérieur anguleusement avancée entre les yeux, à cellules très-petites; une seule carène au pronotum. Espace sutural des élytres à deux lignes de cellules ponctiformes bien régulières sur presque toute sa longueur; espace discoïdal bien plan, sa côte interne droite, parallèle à la suture, l'externe réunie à l'interne à angle aigu, sa surface à fossettes ponctiformes, très-petites, non sérialement disposées; espace latéral fortement incliné à cinq ou six lignes très-confuses de points; marge large, relevée en gouttière, à trois rangées de cellules à la base et après le milieu, à deux rangées vers le milieu; ces cellules, quoique assez grandes, sont peu apparentes, parce que les nervures sont aussi pâles que les cellules. Long. $2\,^3/_4$.

Cette espèce, plus grande, plus aplatie et plus pâle que la *Brunnea*, a la forme et l'aspect de la *Cervina*, dont elle se distingue immédiatement par son pronotum unicaréné.

Un seul exemplaire trouvé par M. Lethierry, à Irun, localité si rapprochée de la frontière française, qu'il n'y a pas à douter qu'on la rencontrera aussi dans les Basses-Pyrénées.

8 (1) Pronotum tricaréné.

9 (12) Marge du pronotum à trois rangs de cellules. Épines céphaliques aussi longues que le premier article des antennes. (Troisième article des antennes non subitement épaissi à la base).

10 (11) Marge des élytres bisériée. Angles antérieurs du pronotum non prolongés, un peu arrondis.

5 O. Cervina. *Germ.* (*Cassidea. Fall. Thms.*). Largement ovale d'un testacé grisâtre, dessous plus foncé; élytres à cellules assez grandes, côtes élevées, intervalles un peu excavés; marge bisériée avec la base trisériée, espace sutural bisérié, discoïdal quadrisérié, latéral trisérié. Je n'ai vu que des brachyptères. Long. 3.

Rare : Lille, Paris. Versailles, Orléans, Morhihan, Metz. Grande-Chartreuse.

11 (10) Marge des élytres unisériée excepté tout à fait à la base et à l'extrémité. Angles antérieurs du pronotum prolongés en avant.

6 O. Platychila. *Fieb.* Oblongue, noire, pronotum et élytres gris à réseau noir. Carènes du pronotum très-élevées, les latérales plus élevées que la médiane surtout en avant, où elles forment un petit prolongement auriculé, les cellules de ces carènes bien régulièrement rectangulaires plus hautes que larges. Marge du pronotum plus large en avant, où on compte trois rangées de cellules bien régulières, qu'en arrière, où il n'y en a plus que deux et même une seule tont à fait à la base. Angle antérieur de cette marge prolongé en avant, mais son sommet un peu obtus. Ampoule avancée en pointe jusqu'au niveau du bord antérieur des yeux. Élytres allongées (l'exemplaire décrit est macroptère); marge à une seule série de cellules grandes, régulières, carrées, excepté à l'extrémité où quelques unes sont triangulaires et à la base où il y a deux séries, mais seulement sur une longueur de trois cellules. Espace discoïdal acuminé en arrière avec 3-4 séries de cellules, espace apical à six séries dans sa plus grande largeur, espace latéral à quatre séries. Pattes et antennes testacées, le dernier article noir. Long. 3 $^1/_4$.

Un seul exemplaire de Tarbes, communiqué par M. Pandellé. Cet exemplaire ressemble à la macrophthalma macr. décrite plus loin, mais la marge du pronotum n'est pas arrondie en avant, mais anguleusement prolongée et trisériée en avant, les carènes sont plus élevées et l'ampoule vesiculaire plus avancée.

Les exemplaires brachyptères de Finlande ont l'espace discoïdal trisérié au milieu seulement, la carène médiane du pronotum est plus élevée que les latérales; celles-ci sont aussi plus courtes.

12 (9) Marge du pronotum à un ou deux rangs de cellules. Épines céphaliques beaucoup plus courtes que le premier article des antennes.

13 (16) Troisième article des antennes non subitement épaissi à la base. Renflement vésiculaire du pronotum peu prolongé sur le front.

14 (15) Troisième article des antennes roux, très-légèrement plus mince à l'extrémité qu'à la base. Espace discoïdal avec 4-5 séries, espace sutural avec 2-3 séries.

7 O. Nigrina. *Fall.* Obovale, noirâtre, dessus grisâtre. Ampoule du pronotum courte, peu avancée, marge du pronotum à angle antérieur tout à fait arrondi, à deux rangs de cellules. Long. 3.

Beaucoup plus grande que la suivante et plus large, moins noire en dessous, aréoles des élytres plus petites et plus nombreuses, tête moins large.

Je n'en ai pas encore vu d'exemplaires de France; tous ceux que j'avais regardés comme tels sont des macrophthalma ♀, qui sont plus larges que les ♂. Il est probable cependant qu'on la rencontrera en France.

15 (14) Antennes entièrement noires, troisième article nullement atténué à l'extrémité. Espace discoïdal avec 3 ou 3 $^1/_2$ séries, espace sutural avec 2 séries de cellules.

8 O. Macrophthalma. *Fieb.* (*Cylindricornis. Thoms.*). Obovale oblongue, noire, dessus gris, antennes entièrement noires, tibias et tarses ferrugineux, marge du pronotum régulièrement arrondie, angle antérieur tout à fait effacé et non avancé, ampoule encore moins avancée que dans la *Nigrina*. La ♀ est plus large que le ♂ et présente l'espace discoïdal avec 3 $^1/_2$ séries d'aréoles. Long. 2 $^1/_4$ (*Brach.*).

Assez rare : Compiègne, Metz, Alsace, Lyon, Hautes-Pyrénées. Sous les mousses, quelquefois avec les fourmis.

Je rapporte à cette espèce un exemplaire macroptère provenant d'Alsace, qui en diffère considérablement; sa taille est de 3 m.; forme très-allongée et atténuée en arrière, réseau entièrement noir; pronotum en arc régulier en avant, son disque noir, ponctué, son processus nettement aréolé; marge élytrale à cellules très-régulières en quadrilatère transverse, celles de l'extrême base et du sommet seules triangulaires ou géminées; espace discoïdal très-allongé à quatre séries de cellules dans sa plus grande largeur, espace apical très-développé avec six séries irrégulières dans sa plus grande largeur. La forme et la couleur des antennes sont les mêmes que dans les brachyptères.

16 (13) Troisième article des antennes subitement épaissi en bouton à la base. Renflement vésiculaire du pronotum fortement avancé sur le front.

17 (18) Espace discoïdal sulciforme ou en gouttière, à quatre séries de cellules assez grandes. Espace sutural bisérié à la base.

9 O. Gracilis. *Fieb.* (*Biseriata. Thoms. Propinqua. Ferrari*). Ovale, noire, dessus grisâtre à nervures noires, tibias et troisième article des antennes rougeâtres. Marge du pronotum tronquée en avant, bisériée (quelquefois en partie trisériée); marge des élytres régulièrement unisériée, espace sutural bisérié, discoïdal quadrisérié, latéral trisérié, les cellules assez grandes et régulières. Long. 2 $^1/_4$ brach.

Assez rare : Dunkerque, Calais, au pied des Erodium, Paris, Metz, Bourg d'Oisans.

La forme macroptère (*Recticosta. Thoms.*), qui m'est inconnue, a l'espace sutural élargi et trisérié postérieurement, le processus du pronotum plus long et plus visiblement aréolé.

18 (17) Espace discoïdal plan, non sulciforme, avec 5-6 séries de petites cellules. Espace sutural unisérié à la base.

10 O. Parvula. *Fall.* (*Obscura. Fieb.*) Noirâtre, élytres d'un brun grisâtre. Forme élargie presque circulaire. Pronotum et élytres déprimés. Marge du pronotum bisériée, la série externe a 6-7 cellules; marge des élytres unisériée, espace sutural unisérié à la base, trisérié à l'extrémité; espace discoïdal à six séries de cellulles ponctiformes, espace latéral à cinq séries. Long. 2. (*F. brach.*).

Assez commun dans presque toute la France, sous les mousses, souvent avec les *Myrmica* : Nord, Paris, Vosges, Alsace, Lyon, Hautes-Pyrénées, Landes, Corse.

La forme macroptère est très-rare (Amiens, Dax); elle est plus grande (2 $^1/_2$), plus étroite, le pronotum plus convexe, l'espace apical bien développé, à cinq séries de cellules dans sa plus grande largeur.

Var minor. Put. (*Brach.*). Corps bien plus étroit, atténué en avant et en arrière, taille plus faible. Espace discoïdal à cinq séries, latéral à trois; série externe de la marge du pronotum à six cellules. Long. 1 $^3/_4$. Habitat plus méridional, ne manque cependant pas dans le Nord.

DICTYONOTA. *Curt.*

1 (4) Antennes à longues soies hérissées ; tubercules antennifères aigu spiniformes; vertex avec deux épines conjuguées, noires; esp discoïdal à cellules d'égale grandeur au centre et sur les bord (*S. G. Dictyonota. Stål.*).

2 (3) Antennes assez longues, cylindriques, à soies fortement hérissée Épine des tubercules antennifères très-aigue et très-divergente dehors.

1 D. Crassicornis. *Fall.* Noire, oblongue ; élytres, marges, carène et processus du pronotum blanchâtres, transparents, à résea d'un brun plus ou moins foncé. Marge du pronotum explanée très-large en avant, où elle présente trois séries d'aréoles grande irrégulières; carènes discoïdales à un rang de cellules carrées Marge élytrale bisériée, excepté sur le tiers moyen, où elle es unisériée; espace latéral trisérié, espace discoïdal à quatre série de cellules. Pattes ferrugineuses. Long. 3.

Toute la France, sans être bien commun.

Var. Erythrophthalma. Germ. (*Pilicornis. H.-S. Fieb.*). Marge élytrale entièrement bisériée, espace latéral bisérié, espace discoïdal trisérié. Semblable pour tout le reste à la précédente dont je ne la considère que comme une variété malgré ces différences importantes dans la réticulation. On trouve du reste des exemplaires intermédiaires à espace discoidal à cinq séries avec la marge entièrement bisériée. Les deux formes se rencontrent souvent réunies, cependant l'Erythrophthalma est plus fréquente dans le nord et la crassicornis dans le midi de la France.

L'Erythrophthalma de Germar et de Fieber a été décrite sur des exemplaires immatures, qui ont généralement les yeux rouges et les antennes testacées.

3 (2) Antennes plus courtes, plus épaisses, plus fusiformes, à soies longues, mais plus couchées; épine des tubercules antennifères plus obtuse et très-peu divergente en dehors.

2 D. Truncaticollis. *Costa?* A peine plus petite et plus étroite,

cette espèce ne se distingue de la précédente que par les caractère ci-dessus indiqués, et ce n'est qu'avec doute que je l'en sépare Costa, dont je n'ai pas vu le type, insiste sur les angles du pronotum plus tronqués, ce qui n'est pas appréciable pour moi. Mes exemplaires, qui proviennent de Béziers, de la Corse et de l'Algérie, ont les antennes plus courtes et plus épaisses que dans la figure de Costa (qui d'ailleurs ne diffère pas sensiblement de l'Erythrophthalma); ils ont la marge élytrale unisériée sur le tiers moyen (Costa dit : ***Biseriatim areolata, rarius in medio serie areolarum unica***), l'espace latéral est trisérié, le discoïdal quadrisérié. Long. à peine 3.

Rare : Béziers, Montpellier, Corse.

4 (1) Antennes à soies très-courtes.

5 (12) Élytres complètes au côté interne ; tubercules antennifères obtus, non divergents ; tête avec quatre épines blanchâtres, deux en avant et deux en arrière. Espace discoïdal avec les cellules des bords bien plus grandes que celles du centre. (***S. G. Scraulia Stål***).

6 (9) Marge du pronotum trisériée, marge des élytres bisériée.

7 (8) Antennes plus grèles et plus longues, troisième article d'un ferrugineux obscur, pas plus épais que les autres, s'amincissant graduellement.

3 D. Fuliginosa. ***Costa.*** (***Fieberi.*** (***Fst.***) ***Fieb.***). Oblongue, corps noirâtre, pattes et troisième article des antennes d'un brun jaunâtre, pronotum et élytres d'un flave blanchâtre à réseau brun ; disque du pronotum brun rougeâtre, sa marge très-dilatée et arrondie en avant, prolongée jusqu'au delà du bord postérieur des yeux ; carènes discoïdales d'égale hauteur, à une rangée de cellules carrées, la médiane en présente 16 à 17. Marge des élytres à deux séries irrégulières de cellules polygonales, espace latéral bisérié ; élytres dépassant de beaucoup l'extrémité de l'abdomen. Long. 5.

Sur le genêt à balais : Vosges, Mont Pilat, Orléans, Bordeaux, Landes, Pyrénées, Corse.

8 (7) Antennes plus courtes et plus épaisses, noires. Troisième article plus épais que les autres, ne s'amincissant pas vers le sommet.

4 D. STRICHNOCERA. *Fieb.* Oblongue, noire, tibias jaunâtres, disque du pronotum noir; pronotum et élytres blanchâtres, à réseau noir, les marges transparentes. Marge du pronotum moins large que dans la précédente, n'atteignant pas le bord postérieur des yeux, carène médiane plus élevée surtout sur le processus et ne présentant que huit à douze cellules. Marge des élytres moins dilatée à la base que la précédente. Long. 4.

Toute la France, peu commune, sur le genêt à balais : Lille, Paris, Provins, le Croisic, Vosges, Lyonnais, Toulon, Pyrénées, Landes.

9 (6) Marge du pronotum bisériée, marge des élytres unisériée.

10 (11) Marge des élytres unisériée, mais plusieurs cellules divisées en deux et alternativement.

5 D. MARMOREA. *Baer.* (*Pulchella. Costa*). Oblongue, noire, épines céphaliques et tibias flaves. Elytres flavescentes à nervures brunes au centre; marge des élytres et du pronotum ainsi que les carènes blanchâtres, transparentes, à nervures noires. Marge du pronotum régulièrement arrondie, non prolongée aux angles antérieurs. Marge des élytres à cellules alternativement et irrégulièrement simples ou doubles; espace latéral bisérié, à cellules internes plus grandes. Long. 3 $^1/_2$.

Très-rare : Toulouse, Corse.

11 (10) Marge des élytres unisériée à cellules régulières.

6 D. ALBIPENNIS. *Baer.* (*Aubei. Sign.*) Courtement ovale, noire, tête, antennes et dessous du corps plus ou moins revêtus d'un enduit écailleux blanchâtre, épines céphaliques et tibias jaunâtres, disque du pronotum noir ou brun, les marges et les élytres blanchâtres, flavescentes, à nervures noires (Aubei) ou jaunes (albipennis). Pronotum très-convexe, marge régulièrement arrondie latéralement, non prolongée en avant. Antennes très-épaisses, le troisième article bien plus épais que le deuxième et que le quatrième, plus épais que dans les autres espèces. Long. 2 $^3/_4$ — 3

Rare : Montpellier, Drôme, Nice, Hyères, Corse, sur le genêt épineux.

Les exemplaires de Corse, plus petits, à élytres moins développées, à cellules plus petites et moins inégales, d'un flavescent jaunâtre uniforme, à réseau jaunâtre et non noir, répondent à la description de Bærensprung ; ceux de la France méridionale plus développés et réticulés de noir sont l'Aubei Sign.

12 (5) Élytres incomplètes au coté interne où elle laissent voir le dos de l'abdomen par une large ouverture béante. Épines céphaliques nulles ou indistinctes. (*S. G. Elina. Ferrari*).

7 D. Marqueti. *Put.* Oblongue, noire, opaque, réseau noir. Antennes noires, courtes, les deux premiers articles nus, très-courts, le premier n'atteignant pas l'extrémité du clypeus, le deuxième le dépassant à peine ; troisième long, parfaitement cylindrique, très-épais, à soies serrées, mais courtes, le quatrième très-court, conique, aussi épais à la base que l'extrémité du troisième dont il se distingue difficilement. Tête rugueuse, épines du vertex nulles ou invisibles. Tubercules antennifères à pointe émoussée, dirigée en avant. Pronotum large, ampoule réduite à un bourrelet antérieur aplati avec un rang de cellules ; marge très-large, un peu relevée, avec trois rangées de grandes cellules transparentes, la série externe à huit cellules, bord externe élargi au milieu, un peu sinué avant l'angle antérieur, qui est assez prolongé en avant, mais avec le sommet émoussé. Carènes discoïdales à un rang de petites cellules, les latérales un peu sinueuses ; processus en angle obtus avec quelques cellules plus grandes à l'extrémité. Élytres incomplètes au côté interne, où elles présentent une longue baie ovalaire ouverte qui laisse voir tout le milieu du dos de l'abdomen ; marge élytrale dilatée à l'extrême base, où elle présente deux rangées de cellules, mais seulement sur une longueur de trois cellules, ensuite étroite et avec une seule série de petites cellules quadrangulaires ; espace latéral, le plus large, formé par trois ou quatre séries bien régulières de cellules très-petites ; espace discoïdal linéaire, réduit à une seule série de cellules carrées, espace sutural linéaire, arqué, avec une série de cellules à la base et deux à l'extrémité. Pattes d'un noir roussâtre. Long. 2.

Banyuls-sur-Mer (Pyr. Or.). M. Marquet. Je n'en ai vu que deux exemplaires en assez mauvais état.

Cet insecte, qui appartient au sous genre *Elina* Ferr. 1878 a, comme les deux autres espèces de ce sous-genre (*Beckeri* Jak. et *Putoni* Ferr.) les élytres incomplètes au côté interne, mais il s'en distingue pas la marge du pronotum trisériée, la couleur plus noire, la baie des élytres plus large, etc. Il est probable qu'on trouvera un jour la forme macroptère, qui est inconnue.

DEREPHYSIA *Spin.*

1 D. Foliacea. *Fall.* Tête, poitrine et disque du pronotum noirs, abdomen, réticulation, pattes et antennes d'un jaune brunâtre, expansion du pronotum et élytres incolores, vitrées. Disque du pronotum avec trois carènes lamellaires élevées, formées par un rang de cellules. Marge du pronotum très-large, prolongée en avant jusqu'au niveau du sommet de la tête, formées de trois rangées de grandes cellules, marge élytrale à deux rangées de cellules, l'interne plus large. Long. 3 $^1/_2$.

Toute la France, dans les prairies arides, surtout sur le Serpolet. Fieber l'indique sur les Arthemisia campestris et Statice armeria.

J'ai vu dans la collection de M. Pandellé un insecte des Hautes-Pyrénées, très-singulier, malheureusement privé d'antennes, qui n'est peut-être qu'une variété (*Var. Sinuatocollis. Put*) très-remarquable et brachyptère de cette espèce : il est bien plus étroit, la marge du pronotum n'a que deux rangées de cellules et au lieu d'être arrondie extérieurement, elle est fortement sinuée latéralement, ce qui fait paraître les angles encore plus prolongés : l'ampoule est plus étroite, à cellules plus petites, les carènes du disque sont moins hautes. La marge élytrale gauche est seulement unisériée vers le milieu, ce qui peut faire penser que cet exemplaire est anormal et accidentel.

Obs. La *D. Cristata. Panz.* qui se trouve en Allemagne n'a qu'une carène au pronotum et une seule rangée de cellules à la marge élytrale.

GALEATUS. *Curt.*

1 G. Maculatus. *H.-S.* Corps, antennes et pattes noirs, tibias roux. Expansions membraneuses du pronotum et des élytres, très-larges, incolores, vitrées, à nervures noires; une tache oblongue sur chaque nervure transverse des marges du pronotum et des élytres, carènes conchiformes du pronotum et ampoules des élytres tachées de noir. Marge du pronotum très-large, prolongée en angle en avant, formée d'une seule rangée de cinq grandes cellules. Marge élytrale formée d'une seule rangée de sept à huit grandes cellules transverses. — Forme macroptère (*Maculatus H.-S.*) élytres droites extérieurement, tronquées arrondies au sommet. Forme brachyptère (*Sublgobosus H.-S.*) : élytres formant extérieurement et postérieurement une courbe régulière. Long. 3.

Sur le *Hieracium pilosella*, assez rare : Vosges, Rhône, Morbihan, Pyrénées, Paris-la-Varenne, Cancale.

Je possède des exemplaires de Bône, qui diffèrent de ceux de France par leur grande taille, bien que brachyptères (4 mill.). Ces exemplaires ont les taches noires des marges bien plus grandes, et les ampoules des élytres et du pronotum entièrement d'un noir brillant. Ils ne me paraissent cependant pas devoir être regardés comme une espèce distincte.

Les *G. Spinifrons. Fall. et Angusticollis. Reut.* n'ont pas encore été trouvés en France ; ils n'ont pas de taches noires sur les nervures des marges.

TINGIS *Fab.*

(STEPHANITIS. *Stål.*).

1 T. Pyri. *Geoff. Fab.* (*Appendiceus. Fourcr.*). Corps noir, pattes et antennes grêles, pâles. Expansions membraneuses du pronotum et des élytres très-larges, blanches, transparentes; bord interne et deux bandes transverses noires sur les élytres, l'une apicale, l'autre avant le milieu; quelques nervures des cellules périphériques noires. Marge du pronotum et des élytres avec quatre cellules dans leur plus grande largeur. Long. 3.

Une grande partie de la France; très-nuisible aux poiriers dont il crible les feuilles d'une multitude de petits trous; manque dans les Vosges et dans le Nord.

EURYCERA. *Lap.*

(LACCOMETOPUS. *Fieb.*).

1 E. CLAVICORNIS. *Lin.* Oblong; antennes noires, hérissées de longs poils. Tête noire avec deux épines blanchâtres sur le vertex. Pronotum brun avec le processus et les marges blanchâtres à nervures brunes, marge à une rangée de cellules, même au niveau des angles postérieurs; carènes discoïdales avec une rangée de cellules dans toute leur longueur. Élytres jaunâtres, leur marge, un peu élargie postérieurement, avec une série de cellules alternativement courtes et longues, les postérieures plus irrégulières et souvent triangulaires; espace apical réticulé de brun. Pattes ferrugineuses. Long. 4.

Toute la France : sur les *Teucrium Scorodonia* et *Chamædrys*, sur lesquels il détermine des sortes de galles.

2 E. TEUCRII. *Host.* Très-voisin du précédent, il n'en diffère que par les caractères suivants : taille un peu plus faible, espace apical un peu plus court; marge du pronotum plus étroite, sans cellules au niveau des angles postérieurs; carènes discoïdales moins élevées, creusées de cellules seulement sur le processus; marge des élytres plus étroite, à cellules plus courtes, plus régulières, non alternativement courtes et longues. Long. 3 1/2.

Rare, sur le *Teucrium montanum* : Rouen, Cette, Hyères, Corse.

MONANTHIA. *Lep. et Serv.*

Ce genre, renfermant un grand nombre d'espèces de formes très-variées, peut se diviser, pour la facilité de l'étude, en sous-genres dont quelques-uns sont très-distincts et pourraient être considérés comme des genres.

TABLEAU DES SOUS-GENRES.

1 (9) Pronotum avec trois carènes discoïdales entières ou au moins visibles sur le processus. Espace discoïdal des élytres non partagé en deux.

2 (3.6) Marge latérale du pronotum en forme de membrane foliacée, aréolée, étendue horizontalement ou peu réfléchie.

PLATYCHILA.

3 (2.6) Marge latérale du pronotum caréniforme et réfléchie, non lamelliforme et aréolée si ce n'est en avant, mais non aux angles postérieurs.

4 (5) Antennes assez grêles, le troisième article plus grêle que le quatrième, qui est ovoïde et atténué à la base.

TROPIDOCHILA.

5 (4) Antennes épaisses, le troisième article aussi épais que le quatrième; qui est cylindrique, non atténué à la base.

CATOPLATUS.

6 (2.3) Marge du pronotum en forme de membrane aréolée, complètement réfléchie et appliquée sur les côtés du disque du pronotum, où ils forment un large bourrelet aréolé. (Antennes grêles, le troisième article plus grêle que le quatrième, qui est ovoïde, atténué à la base.)

7 (8) Canal des orifices odorifiques distinct. Espace latéral des élytres non où très-obtusément anguleux au niveau du sommet de l'espace discoïdal, à peu près d'égale largeur et linéaire sur toute sa longueur.

PHYSATOCHILA.

8 (7) Canal des orifices nul. Espace latéral des élytres formant intérieurement au niveau du sommet de l'espace discoïdal un angle très-distinct, plus large en cet endroit et présentant des séries plus nombreuses d'aréoles.

MONANTHIA.

9 (1) Pronotum avec une seule carène discoïdale. Espace discoïdal des élytres divisé en deux par une nervure transverse oblique. (Espace latéral plus large et anguleux au niveau du sommet de l'espace discoïdal. Marge des élytres unisériée).

MONOSTEIRA.

S. G. PLATYCHILA. *Fieb.*

1 (14) Marges et carènes du pronotum et des élytres non ciliées, glabres ou quelquefois finement et courtement pubescentes.

2 (13) Carènes discoïdales du pronotum unisériées; ampoule non caréniforme, peu avancée.

3 (4) Marges du pronotum et des élytres très-larges, à cinq séries de petites cellules.

1 M. Ampliata. *Fieb.* Oblongue, large et déprimée, dessus d'un flavescent jaunâtre, opaque, les nervures noires par places et formant de petites taches. Tête noirâtre avec cinq épines jaunâtres. Marge du pronotum très-large, surtout en avant, angle antérieur obtus, mais avancé jusqu'au milieu de l'œil, cellules petites et arrondies; ampoule hexagonale, carénée longitudinalement. Carènes discoïdales parallèles, à petites cellules. Marge élytrale comme celle du pronotum; espace latéral étroit, régulier, à deux séries d'aréoles ponctiformes, espace discoïdal en pointe en avant et en arrière. Dessous du corps noirâtre, genoux, tibias et antennes testacés, le dernier article de celles-ci noir, le troisième article cylindrique, un peu moins de deux fois aussi long que le quatrième. Long. 4.

Rare : Nord, Paris, Vosges, Lyon, Hyères. — Sur les Carduacées selon M. Lelièvre.

4 (3) Marges du pronotum et des élytres médiocres, ayant au plus trois rangs de cellules.

5 (8) Marges du pronotum et des élytres à trois rangs de cellules.

6 (7) Marge du pronotum arrondie sur les côtés, non sinuée latéralement avant l'angle antérieur, étroite à cet angle qui se réunit à l'ampoule.

2 M. Cardui. *Lin.* Oblongue, déprimée, dessus jaunâtre avec des taches transverses noires, disséminées irrégulièrement surtout sur le réseau des marges; dessous et tête noirs, tibias, épines céphaliques et troisième article des antennes jaunâtres, celui-ci grêle, environ deux fois aussi long que le quatrième. Marge du pronotum avec trois séries de petites cellules arrondies, son angle antérieur non saillant se confondant obliquement avec l'ampoule, qui est carénée et en hexagone allongé. Carènes latérales du disque un peu arquées en avant. Marge élytrale comme celle du pronotum, espace latéral étroit, à deux lignes d'aréoles poncti-

formes, le discoïdal en pointe en avant et en arrière, à nombreuses cellules ponctiformes. Long. 3 1/2.

Très-commune dans toute la France et la Corse, sur les Carduacées; beaucoup plus commune dans le Midi que dans le Nord.

Var. Cognata. Fieb. Entièrement testacée pâle, sans taches, le dernier article des antennes seul un peu brunâtre. — L'exemplaire typique a les yeux rouges, ce qui indique qu'il est immature. — Corse et France méridionale.

7 (6) Marge du pronotum sinuée latéralement, large à l'angle antérieur.

3 M. Auriculata Costa (*Sinuata. Fieb.*). Oblongue, allongée, déprimée, dessus d'un flavescent jaunâtre uniforme, ou avec de petites mouchetures brunes surtout le long des marges. Tête et poitrine noires; pattes, ventre et antennes d'un roux testacé, le dernier article brun, troisième article cylindrique deux fois et demi aussi long que le quatrième. Marge du pronotum fortement sinuée avant le milieu, élargie aux angles antérieurs qui sont avancés mais obtus; ampoule en hexagone allongé, carénée au milieu. Carènes discoïdales parallèles, à une série de petites cellules régulières. Marge élytrale à cellules petites, espace latéral un peu plus large au milieu que vers l'extrémité, ses aréoles très-petites, ponctiformes, difficiles à compter, sur trois ou quatre rangs vers le milieu; espace discoïdal très-allongé. Long. 3—3 1/2.

Assez commun dans la France méridionale, surtout dans la région pyrénéenne, remonte jusqu'à Paris; Beaune, Lyon, Grenoble, Avignon, Collioure, St.-Girons, Tarbes, Dax, Hyères, Corse, etc. Sur le *Stachys recta* d'après M. Frey-Gessner.

8 (5) Marges du pronotum et des élytres à deux rangs de cellules.

9 (12) Antennes courtement pubescentes, le quatrième article noir. Cellules des marges petites et difficiles à compter.

10 (11) Troisième article des antennes environ 2 fois 1/2 aussi long que le quatrième. Dessus du corps et carènes à peine tomenteux.

4 M. Angustata. *H.-S.* (1). Oblongue, allongée, atténuée en avant dessus à peu près glabre, opaque, d'un flavescent jaunâtre ave quelques petites mouchetures brunes. Tête noire, les épines jaunâtres, le dernier article des antennes brun, pattes jaunâtres Marge du pronotum un peu relevée, très-étroite en avant; ampoule hexagonale, carénée au milieu; carènes discoïdales presque parallèles, à très-petites cellules. Marge élytrale d'égale largeur espace latéral très-étroit, de même largeur sur toute sa longueur paraissant avoir deux rangs de très-petites cellules ponctiformes difficiles à voir. Long. 3 1/2.

Rare : Lamarche (Vosges), Metz, Versailles, Cluny, Néris Béziers, Pyrénées, Corse.

11 (10) Troisième article des antennes environ 1 fois 1/2 aussi long que le quatrième. Dessus du corps et carènes tomenteux.

5 M. Grisea. *Germ.* Très-voisine de la précédente, en diffère par sa taille un peu plus faible, sa surface couverte d'une pubescence tomenteuse très-courte, mais assez serrée; ses antennes plus courtes, plus robustes, le troisième article à peine plus mince que les autres; très souvent les marges sont marquées extérieurement d'une série de petits traits noirs réguliers et régulièrement espacés; quatrième article des antennes noir. Espace latéral extrêmement étroit. Long. 3.

Très-rare : Marseille (Marius Blanc), Montpellier. — D'après Fieber, sur la *Centaurea paniculata.*

12 (9) Antennes longuement pubescentes, entièrement testacées. Cellules des marges grandes et bien visibles.

6 M. Crispata. *H.-S.* Ovalaire, d'un flavescent blanchâtre, entièrement couverte d'une pubescence blanchâtre, assez épaisse

(1) M. le Docteur Bolivar m'a donné, quoique unique dans sa collection, une Monanthia de Madrid, que je considère comme la *Parallela* Costa. Elle est voisine de l'Angustata, mais en diffère par le corps plus tomenteux, quoique très-courtement, antennes beaucoup plus longues, testacées, excepté le dernier article, le troisième 3 1/2 aussi long que le quatrième, la marge du pronotum plus étroite, paraissant un[...]riée; la forme un peu plus étroite.

Antennes entièrement testacées, à pubescence blanchâtre très-serrée et assez longue, le quatrième article à peine atténué à ses extrémités, non ovalaire, assez mince, le troisième aussi épais que es précédents et que le suivant, un peu atténué vers le sommet. Marges du pronotum arrondies extérieurement et en avant ; ampoule hexagonale, carénée ; carènes discoïdales parallèles, à cellules très-petites. Marge élytrale à cellules assez grandes et régulières, son réseau moucheté de brun par places ; espace latéral très-étroit, paraissant avoir une seule série de cellules ponctiformes. Pattes testacées, couvertes d'une pubescence blanchâtre. Long. 3 $^{1}/_{4}$. Cette espèce fait le passage aux Monanthia ciliées (Ciliata, Ragusana, etc).

Très-rare : Tarbes, Toulouse.

13 (2) Carènes discoïdales du pronotum très-hautes, bisériées ; ampoule comprimée en carène, très-avancée sur la tête.

7 M. Testacea. *H.-S.* (*Echinopsidis. Fieb.*). Oblongue, d'un flavescent blanchâtre, glabre, réseau à grandes mailles ; antennes testacées, le dernier article noir, ovoïde, le troisième mince, cylindrique, environ trois fois aussi long que le quatrième. Marge du pronotum large, arrondie extérieurement, relevée, trisériée ; ampoule comprimée latéralement, caréniforme, dépassant en avant le sommet de la tête ; carènes discoïdales très-hautes, lamelliformes, à deux rangs de cellules. Marge élytrale trisériée, espace latéral plus large et trisérié au tiers antérieur, plus étroit et unisérié à l'extrémité, espace discoïdal un peu excavé. Dessous du corps brunâtre ; pattes testacées, très-grêles, même les cuisses. Long. 3.

Je ne connais pas d'exemplaires de cette espèce pris en France, mais comme elle se trouve en Autriche et même en Algérie, et que ces insectes ont un habitat très-étendu, je pense qu'on l'y rencontrera un jour. Fieber l'indique comme vivant sur les *Echinops*.

Var. Egena. Put. Je possède un exemplaire d'Oran, qui diffère du type pas les carènes du pronotum moins hautes, non manifestement bisériées, l'espace latéral des élytres plus étroit, non dilaté vers la base et entièrement unisérié.

14 (1) Marges et carènes du pronotum et des élytres longuement ciliées.

15 (20) Cils simples, ne faisant pas le prolongement d'épines. Ampoule thoracique carénée logitudinalement.

16 (17) Espace latéral avec quatre rangs de cellules ponctiformes au milieu de sa longueur.

8 M. TRICHONOTA. *Put. An. Soc. Fr.* 1874. 216. Oblongue, dessus flave sans taches, ou avec quelques mouchetures brunes sur les marges et les carènes, ou enfin à taches brunes presque confluentes. Tête noire avec cinq épines blanchâtres. Antennes ciliées, testacées, le quatrième article noir, petit, ovoïde, le troisième environ 2 fois $^1/_4$ la longueur du quatrième et à peine plus grèle que les précédents et le suivant. Marge du pronotum partout d'égale largeur, bisériée, un peu relevée, à cils courts et raides, espacés (un à chaque cellule à peu près); ampoule en hexagone transverse, carénée; carènes discoïdales ciliées, presque parallèles, à une rangée de petites cellules régulières, peu apparentes; marge élytrale peu large, ciliée, régulière, à deux séries d'aréoles oblongues, irrégulières; espace latéral plus large et à quatre séries d'aréoles ponctiformes au milieu, plus étroit et bisérié à l'extrémité. Pattes ciliées, plus ou moins roussâtres avec un anneau pâle plus ou moins distinct à l'extrémité des cuisses et un autre à la base des tibias. Long. 4—4 $^1/_4$.

Rare; trouvée à Villeneuve, près Avignon, par le Frère Telesphore, en juin-juillet, sur le *Phlomis Lychnitis.* Montpellier (Rey).

Se distingue facilement de la M. Ragusana par ses cils plus courts et plus régulièrement espacés, la marge du pronotum aussi large en avant qu'aux épaules, son ampoule plus aplatie, etc.

17 (16) Espace latéral étroit, régulier, avec deux rangs de cellules.

18 (19) Marges du pronotum et des élytres bisériées.

9 M. RAGUSANA. *Fiey.* (*Ajugarum. Freb.*). Oblongue, dessus jaunâtre avec quelques mouchetures brunes, surtout sur le réseau de la portion externe des marges, densement poilue et hérissée de longs cils assez serrés surtout sur les marges, les carènes et les

pattes et antennes. Pattes et antennes d'un roux testacé, le dernier article à peine rembruni, ovale-oblong, le troisième article à peine plus mince, 2 fois $^1/_4$ aussi long. Marge du pronotum assez fortement relevée, atténuée en avant, brusquement élargie en arrière au niveau des épaules; ampoule en hexagone étroit, fortement relevée en toit longitudinalement. Marge élytrale à deux séries de cellules irrégulières, la série externe à cellules bien plus grandes, allongées; espace latéral étroit, égal, à deux séries de cellules ponctiformes. Dessous brun. Long. 4—4 $^1/_4$.

France méridionale, assez rare : Yonne, Lyon, Avignon, Gers, Charente-Inférieure. — M. Frey-Gessner l'indique comme vivant sur les *Ajuga Chamæpitys et Genevensis.*

19 (18) Marges du pronotum et des élytres trisériées.

10 M. Ciliata. *Fieb.* Oblongue, assez large, dessus grisâtre à réseau brunâtre, presque noir sur les marges, hérissée de soies serrées et assez courtes et raides surtout sur les bordures; pattes et antennes hispides, roussâtres, dernier article noirâtre, oblong, le troisième plus grêle, deux fois environ aussi long que le quatrième. Marge du pronotum arrondie extérieurement, large, un peu relevée, ampoule anguleuse en avant, semi-ovale en arrière, fortement élevée en toit longitudinalement. Marge des élytres à cellules irrégulières, non en lignes; espace latéral étroit, bisérié. Dessous du corps d'un brun noir. Long. 4 $^1/_2$, larg. 2.

Assez commune dans la France moyenne et septentrionale : Nord, Paris Vosges (en mai dans les fleurs de l'*Ajuga reptans*), Yonne, Lyon, Cluny, Pyrénées, Toulouse, Cantal.

20 (15) Cils ayant pour base des épines courtes. Ampoule thoracique conique, haute, non carénée longitudinalement.

11 M. Capucina. *Germ.* (*Setulosa. Fieb. Gracilis. H.-S.*). Espèce dimorphe :

Forme macroptère : Ovalaire, allongée, d'un flave blanchâtre cendré en dessus, le réseau brunâtre par places, surtout sur la marge élytrale et sur l'espace apical; hérissée de poils, les marges et carènes ciliées, les cils faisant suite à des spinules; patte antennes hispides, testacées, le dernier article brun, le troisi 2 fois $^1/_2$ aussi long que le quatrième; tête à longues ép minces, marge du pronotum bisériée, relevée, anguleuse épaules et atténuée de ce point en avant et en arrière; poule très-haute, conique; carènes presque parallèles, a une série de cellules bien apparentes; marge élytrale à d séries de grandes cellules régulières; espace latéral régulie deux séries de cellules, espace apical large et à grandes cellu Long. 3.

Forme brachyptère : plus petite, marge du pronotum p anguleuse aux épaules, carènes latérales du pronotum forman leur partie moyenne une courbe à convexité interne : espace ap des élytres très-étroit, cellules des élytres plus ponctiformes, réseau étant moins apparent. Long. 2 $^1/_2$.

Assez commune dans une grande partie de la France, su *Thymus Serpillum* : Paris, Vosges, Jura, Cluny, Pyréné Landes, etc.

S. G. TROPIDOCHILA. *Fieb.*

1 (4) Corps densement couvert de longs poils mous, formant autour marges une frange un peu frisée.

2 (3) Marge élytrale triseriée, excepté à la base, qui est bisériée.

12 M. Angusticollis. ***H.-S.*** (***Pilosa. Fieb.***). Ovale, allongée, fl vescente au-dessus, avec quelques traits transverses bruns sur marge élytrale, densement pubescente et hérissée de longs po mous sur les marges; tête noirâtre à épines jaunâtres, pattes antennes jaunâtres, le troisième article assez mince, deux f aussi long que le quatrième, qui est atténué à la base, brun en massue à l'extrémité. Pronotum convexe, marge relevée, rég lière, ampoule aplatie, transverse, tronquée en avant; carèn discoïdales insensiblement aréolées, les latérales très-légèreme arquées en avant; marge élytrale un peu élargie en arrière, mailles petites, mais bien visibles, espace sutural étroit, rég lier, avec deux lignes de cellules ponctiformes. Dessous du cor brun. Long. 4.

Assez rare : Vosges, Lyon, Yonne, Isère. Sur les ***Carduacées*** selon M. Reiber, sur le ***Galeopsis tetrahit*** et le ***Stachys sylvatica*** selon M. Frey-Gessner. En Hongrie, sur ***Leonurus cardiaca, Lappa minor et Ballota nigra*** (Horvath).

3 (2) Marge élytrale uniformément bisériée.

13 M. Kiesenwetteri. *Mls. Rey.* (*Villosa. Costa*) (1). Mêmes forme et aspect que la précédente ; elle en diffère, outre les caractères ci-dessus indiqués, par sa taille plus faible, sa couleur plus grise, ses antennes plus courtes, le troisième article n'ayant que 1 fois $^{1}/_{4}$ la longueur du quatrième ; les cils de la marge élytrale sont plus longs que cette marge n'est large. Long. 3 $^{1}/_{4}$.

France méridionale : Paris, St.-Germain, Hyères, Avignon (sur les ***Carduacées***, selon le F. Télesphore), Pyrénées, Landes (sur le ***Marrubium***, selon le Dr Gobert).

4 (1) Corps glabre, tout au plus quelques cils courts et raides très-espacés sur le bord latéral du pronotum.

5 (6) Quelques cils courts sur le bord latéral du pronotum. Insecte macroptère.

14 M. Geniculata. *Fieb.* Allongée, d'un flavescent brunâtre un peu plus foncé sur l'espace discoïdal, réseau des marges brun. Antennes roussâtres, le dernier article noir, ovalaire, le troisième plus mince, deux fois aussi grand que le quatrième. Épines de la tête couvertes d'un duvet blanchâtre. Pronotum convexe, atténué en avant, marge relevée, étroite, paraissant unisériée, ampoule aplatie, tronquée en avant, en demi cercle en arrière ; carènes

(1) Je possède deux exemplaires d'une Monanthia de Sarepta, que je regarde comme une variété très-curieuse (*Var. Antennalis. Put.*) de la Kiesenwetteri ; les antennes sont très-notablement plus longues dans tous les articles, le troisième égale 1 fois 1/2 la longueur du quatrième ; en outre la pubescence est moins blanche, moins serrée et les cils de la marge élytrale bien plus espacés, plus courts et plus raides égalent à peine en longueur la moitié de la largeur de cette marge.

Une autre variété (*Var. Pauperata. Put.*) du Caucase, a les antennes très-courtes et les cils longs comme le type, mais la marge élytrale est unisériée depuis la base jusqu'au milieu où elle devient bisériée ; en outre les antennes et les pattes sont brunes ainsi que tout le réseau du dessus du corps.

peu élevées, à cellules indistinctes; marge élytrale régulière, étroite, à une seule série de cellules allongées, quelques unes courtes, espace latéral à deux séries de cellules ponctiformes. Pattes roussâtres. Long. 4.

Var. Griseola. Put. Beaucoup plus petite, espace latéral plus étroit, unisériée; semblable pour tout le reste. Long. 3.

Rare : le type, Yonne, Hyères, Narbonne, Algérie; la variété à Cassis, en Corse, Sardaigne, etc.

6 (5) Bord latéral du pronotum sans cils. Insectes brachyptères.

7 (8) Marge des élytres étroite, mais avec une série de cellules quadrangulaires bien visibles.

15 M. Maculata. *H.-S.* (*Stachydis. Fieb.*). Ovalaire, atténuée en avant, flavescente, pâle; des petites taches noires régulièrement espacées le long du bord externe des élytres; dessous et pattes brunâtres. Dernier article des antennes ovalaire, noirâtre, égal à la moitié du troisième, qui est un peu poilu et étroit. Pronotum convexe, atténué en avant; marge relevée, étroite; carènes discoïdales droites, non visiblement aréolées; marge élytrale très étroite, régulière, avec une rangée de petites cellules; espace latéral à deux rangs de cellules ponctiformes; espace discoïdal excavé, limité par des côtes très-élevées. Espace apical étroit. Long. 3.

Rare : Paris, Cluny, Bugey, Landes. — Un exemplaire entièrement pâle, sans taches, de Marseille (Marius Blanc). — Sur le *Stachys recta*, selon Fieber.

8 (7) Marge des élytres costiforme, sans cellules bien appréciables.

16 M. Liturata. *Fieb.* Cette espèce ne diffère de la précédente, dont elle n'est peut-être qu'une variété, que par sa marge élytrale plus étroite, non aréolée, son pronotum un peu moins convexe sa taille légèrement plus grande et les taches de la surface un peu plus nombreuses. Long. 3 $^1/_2$.

Très-rare en France : Tarbes.

Obs Les *M. stachydis* et *litura* ne sont peut-être que la forme brachyptère de la *geniculata* et de sa variété ; on aperçoit, en effet, chez elles des traces des cils, qui sont plus apparents sur les bords du pronotum de la *geniculata*.

S. G. CATOPLATUS. *Spin.*

1 (2) Marge élytrale trisériée.

17 M. Costata. ***Fieb.*** Atténuée en avant, très-élargie en arrière, dessus jaunâtre, le réseau à peine brunâtre par places. Tête, pattes et antennes roussâtres, le dernier article brun, le troisième cylindrique, presque aussi large que les précédents et que le suivant, 2 fois $^1/_2$ aussi long que le quatrième. Pronotum convexe et ponctué sur le disque; marge tout à fait réfléchie, bisériée, ce qui n'est visible qu'en dessous; carènes discoïdales droites, entières, non visiblement aréolées. Marge élytrale très-large, à trois séries de petites cellules ; espace latéral trisérié à la base où il est plus large qu'à l'extrémité ; espace discoïdal plan, non excavé. Dessous du corps noirâtre. Long. 4 $^1/_4$.

Répandue dans presque toute la France, sans être bien commune : Nord, Vosges, Paris, Yonne, Bugey, Lyon, Embrun, Ste.-Baume, Hyères, Prades, Toulouse, Hautes-Pyrénées. Sur les ***Chrysanthemum***. d'après M. Frey-Gessner.

2 (1) Marge élytrale à une ou deux séries.

3 (4) Marge élytrale bisériée (***Olivieri***, ***Put.*** d'Algérie et Sardaigne, non encore trouvée en France).

4 (3) Marge élytrale étroite, unisériée.

5 (8) Fémurs noirs. Carène médiane du pronotum bien marquée même sur la partie convexe du disque.

6 (7) Tibias flaves, renflés près de la base. Les trois carènes du pronotum bien marquées sur le disque.

18 M. Eryngii ***Latr.*** *nec.* ***Fieb.*** (***Carthusiana. Fourcroy. Albida.***

H.-S. Fieb.) (1). Allongée, glabre, dessus d'un blanc jaunâtre, éburné ; tête, antennes, pattes et dessous du corps noirs ; quelquefois quelques petites taches noires sur les marges. Antennes épaisses, rugueuses, le dernier article très-court, à peine atténué à la base, le troisième aussi épais que le deuxième et que le quatrième, cylindrique, très-légèrement atténué vers l'extrémité, 2 fois $^{1}/_{2}$ aussi long que le quatrième. Pronotum atténué en avant, marge très-relevée, bisériée, quand on la regarde en dessous ; ampoule aplatie, tronquée en avant, en dem cercle en arrière, carénée au milieu ; carènes discoïdales droites peu élevées, non aréolées. Marge élytrale étroite, régulière, à une seule rangée de très-petites cellules ; espace latéral un peu plus large au milieu, où il est trisérié. Epines céphaliques très courtes, blanchâtres. Quelquefois le pronotum est un peu rem bruni comme dans la Melanocephala. Long. 4.

Une grande partie de la France : Paris, baie de Somme, Metz (sur l'*Eryngium campestre*) Yonne, Lyon, Vichy, le Croisi (commune en juillet sur l'*Eryngium maritimum*), Avignon, Cette Montauban, Gers, Pyrénées, Landes. — Fieber l'indique sur l *Seseli glaucum*.

7 (6) Tibias noirs, d'égale épaisseur. La carène médiane du pronotu seule bien marquée à son passage sur la partie convexe d disque.

19 M. Melanocephala. *Pz. (Eryngii. Fieb. nec Latr.)*. Extrêmeme voisine de la précédente, en diffère, outre les caractères d dessus indiqués, par sa forme légèrement plus large, le troisiè article des antennes non atténué à l'extrémité, le pronotum pre que toujours brun excepté sur le processus, son disque p convexe, la marge élytrale plus étroite, peu visiblement aréol Long. 4.

Je n'en ai pas encore vu d'exemplaire de France ; il est p

(1) Le nom d'Eryngii. Latr. 1802. 12.233 ne peut s'appliquer qu'à l'Albida H et à une espèce qui se trouve en France puisque Latreille indique que les jambes plus claires, aussi malgré mon peu de goût pour ces changements de noms suis obligé de changer celui-ci. — Mais par contre, je ne veux pas exhumer de l'oul nom de Cathusiana, Fourc. 1785, qui, pour moi, est frappé par la prescription.

bable qu'elle s'y rencontrera. D'après Fieber, elle se trouve sur l'*Eryngium campestre.*

8 (5) Pattes entièrement rousses. Les trois carènes du pronotum disparaissant à leur passage sur la partie convexe du disque.

20 M. HORVATHI. *Put.* (*Flavipes. Horv.,* nom déjà donné par Signoret à une espèce d'Afrique). Allongée, glabre ; processus, ampoule et élytres flavescents ; pattes entièrement fauves ; antennes noires, le troisième article deux fois aussi long que le quatrième ; tête noire, épines très-courtes ; pronotum convexe, brun jusqu'au processus, sa marge très-relevée, bisériée quand on la regarde en dessous ; marge élytrale très-étroite, à un rang de petites cellules à peine visibles ; espace latéral régulier à trois séries de cellules ponctiformes. Long. 3 $^1/_2$.

Très-rare : Yonne (Coulange et St.-Martin : MM. Populus et Poulain), Bugey (M. Rey).

S. G. PHYSATOCHILA. *Fieb.*

1 (2) Marges réfléchies du pronotum recouvrant tout le disque et se touchant sur la ligne médiane. Élytres convexes ; marge unisériée.

21 M. SIMPLEX. *H.-S.* (*Scapularis. Fieb.*). Ovale, convexe, glabre, d'un roux ferrugineux, dessous et quatrième article des antennes bruns ; troisième article grèle, trois fois aussi long que le quatrième. Marges du pronotum complètement réfléchies et appliquées sur le disque, où elles forment de chaque côté un énorme bourrelet aréolé, en demi cercle au côté interne, séparées seulement entre elles par la carène médiane, laissant à découvert seulement en avant l'ampoule vésiculeuse et en arrière le processus sur lequel on voit les deux carènes latérales un peu divergentes en arrière. Marge élytrale étroite, à une seule série de cellules petites et régulières, espace latéral à une seule série de cellules ponctiformes. Long. 3 $^1/_2$.

Assez rare : Lille, Paris, Yonne, Alsace, Béziers, Pyrénées, Landes. D'après Fieber sur le *Senecio Jacobæa* ; d'après M. Frey-Gessner, au pied de l'*Euphorbia Cyparissias.*

2 (1) Marges réfléchies du pronotum ne couvrant que les côtés et laissan à découvert les trois carènes discoïdales. Elytres planes, marge à plusieurs séries.

3 (4) Marge élytrale trisériée à la base, quadrisériée au milieu et bisérié à l'extrémité.

22 M. QUADRIMACULATA. *Wolff*. Ovalaire, déprimée, glabre, d'un rou ferrugineux; troisième article des antennes long, grèle, quatr fois environ aussi long que le quatrième. Marge élytrale large les cellules de la base et de l'extrémité irrégulières, grandes e transparentes, cellules du milieu petites, nombreuses, opaque et rousses comme celles du disque; espace latéral étroit, à cel lules plus foncées au milieu qu'à la base et à l'extrémité comm dans la marge. Long. 3 1/2.

Vit sur les feuilles de l'aulne, mais ne paraît pas très-répandu en France : Nord, Vosges, Gers, Paris, Béziers.

4 (3) Marge élytrale bisériée avec l'extrémité unisériée.

23 M. DUMETORUM. *H.-S.* (*Oxyacanthæ. Curt.*). Extrêmemen voisine de la précédente pour l'aspect et la disposition des cou leurs, en diffère, outre les caractères déjà indiqués, par sa tail notablement plus petite et plus grèle et sa marge élytrale un pe plus étroite. Long. 3.

Toute la France, assez commune sur l'aubépine, le poirier autres arbres de la même famille : Nord, Paris, Vosges, Lyo Marseille, Gers, Landes, Pyrénées. — En Autriche, sur l saules en fleur (Mayr).

S. G. MONANTHIA. *S. str.*

1 (10) Marge du pronotum simplement appliquée sur les côtés, n sinuée en dedans. Pas d'élévation vésiculeuse sur le processus pronotum.

2 (3) Carènes latérales du pronotum se terminant au milieu du disque n'atteignant pas la marge réfléchie.

24 WOLFFII. *Fieb.* Ovalaire, glabre; tête noire à épines indistinct

ou nulles; antennes noires, le troisième article flave, grèle, 2 fois $^1/_4$ aussi long que le quatrième; disque du pronotum noir, fortement ponctué; marges, ampoule, processus et carènes flavescents, celles-ci fines, non aréolées; élytres flavescentes à réseau noir par places; marge à une série de cellules inégales, quadrangulaires, à réseau alternativement noir et pâle; espace latéral à trois lignes de cellules ponctiformes, une tache noire à l'angle postérieur de l'espace discoïdal et une autre vers le milieu de sa carène externe. Dessous du corps et cuisses noirs, genoux et tibias flaves. Long. 3 $^1/_4$.

Très-commune dans toute la France, sur l'*Echium vulgare.*

3 (2) Carènes latérales du pronotum entières, réunies en avant à la marge réfléchie.

4 (7) Marge élytrale unisériée.

5 (6) Marge élytrale à cellules petites, nombreuses, régulières et carrées Carènes du pronotum peu élevées, sans cellules.

25 M. Lupuli. *Fieb.* Ovalaire, glabre; tête noire, à épines indistinctes ou nulles; antennes noires, le troisième article flave, grèle, 2 fois $^1/_2$ aussi long que le quatrième; disque du pronotum noir, fortement ponctué; marges, ampoule, processus et carènes flavescents, celles-ci fines, non aréolées, les latérales prolongées jusqu'à la rencontre de la marge, cette dernière très-large, ne laissant à découvert qu'une petite portion du disque. Elytres flavescentes, à réseau noir par places; marge à une série de cellules égales, carrées, nombreuses, à réseau noir; espace latéral assez élargi tout de suite après la base, à quatre lignes de cellules ponctiformes; espace discoïdal avec une tache noire à l'angle postérieur et une autre vers le milieu de la carène externe. Dessous du corps et cuisses noirs, genoux et tibias flaves. Long. 3.

Extrêmement rare : je n'en possède qu'un exemplaire qui doit provenir de notre région de l'Est. — Elle est indiquée de Schaffhouse, par M. Frey-Gessner.

6 (5) Marge élytrale à cellules grandes, irrégulières, inégales, souvent triangulaires. Carènes du pronotum plus élevées, avec un rang de cellules.

26 M. Nassata. *Put. P. Nouv.* **1874.** *Soc. Ent. Fr.* **1876.** - Ovalaire, glabre; tête noire, avec deux petites épines jaunes sur le vertex; antennes flaves, le quatrième article noir à l'extrémité, le troisième grêle, trois fois plus long que le quatrième; disque du pronotum noir, fortement ponctué; marges, ampoule, processus et carènes flavescents, celles-ci assez élevées et avec une série régulière d'aréoles quadrangulaires, les latérales prolongées jusqu'à la rencontre des marges; marges très-larges avec de grandes aréoles polygonales. Elytres flavescentes à réseau brunâtre; marge à une série de cellules inégales, alternativement grandes et petites, souvent triangulaires vers l'extrémité, à réseau en partie noir; espace latéral à trois lignes de cellules ponctiformes; espace discoïdal avec une tache noire à l'angle postérieur et une autre vers le milieu de sa carène externe. Dessous brun, pattes flaves, quelquefois les cuisses un peu plus foncées que les tibias. Long. 3.

Rare : Hyères, Landes, Corse.

7 (4) Marge élytrale bisériée à la base et près de l'extrémité.

8 (9) Disque du pronotum jaunâtre. Corps oblong.

27 M. Humuli. *Fab.* (*Convergens. H.-S.*). Pattes et antennes flaves, le dernier article brun, le troisième grêle, deux fois et demi aussi long que le dernier; tête brune à épines indistinctes ou nulles; pronotum entièrement flavescent, les carènes non aréolées. Elytres flavescentes à réseau plus ou moins brun par places; marge bisériée à la base et à l'extrémité, le reste à une série de cellules assez grandes, allongées, irrégulières, à réseau brun; espace latéral à quatre lignes de points, un peu rétréci à la base; carène discoïdale externe avec une tache noire à l'extrémité et une autre vers le milieu. Long. 3 $^1/_2$.

Probablement toute la France; dans les marais : Nord, Paris, Vosges, Yonne, Rhône, Landes, Pyrénées. — Sur le *Myosotis palustris* d'après Fieber et M. Frey-Gessner.

9 (8) Disque du pronotum noir. Corps élargi; insecte plus grand.

28 M. Vesiculifera. *Fieb.* (*Costata. H.-S.*). En ovale très-élargi; pattes et antennes flaves, le dernier article brun à l'extrémité, le troisième deux fois et demi aussi long que le dernier; tête noire à épines indistinctes ou nulles; disque du pronotum noir, le reste flavescent; les carènes à une série d'aréoles, les latérales un peu divergentes en arrière; ampoule petite, anguleuse en arrière; marge large, formant un fort bourrelet élevé et aréolé. Elytres flavescentes à réseau brun par places; marge élytrale à deux séries près de la base, les aréoles de la série interne plus petites, ensuite à une série de cellules inégales, quadrangulaires, et enfin près de l'extrémité, les cellules deviennent triangulaires, souvent doubles; espace latéral à trois séries de cellules ponctiformes; carène discoïdale externe avec deux élévations anguleuses noirâtres, l'une à l'extrémité, l'autre vers le milieu. Dessous du corps noir. Long. 3 $^{3}/_{4}$.

Assez rare : Paris, Orléans, Rouen, Nancy, Strasbourg, Avignon. — Sur les chardons, d'après Fieber, ou ce qui est plus probable, sur le *Symphytum officinale*, d'après Frey-Gessner.

10 (1) Marge du pronotum boursouflée, sinuée et érodée en dedans. Carène médiane du pronotum formant sur le processus une ampoule saillante. Deux ampoules sur chaque élytre.

29 M. Echii. *Fab.* (*Rotundata. H.-S.*). Très-élargie; pattes et antennes flaves, le dernier article brun à l'extrémité, le troisième trois fois aussi long que le dernier; tête noire avec deux épines petites et jaunâtres; disque du pronotum noir; carènes, ampoule et marge d'un flavescent grisâtre, à réseau brun; ampoule très-haute comme les marges et l'extrémité de la carène médiane qui est boursouflée. Elytres d'un flave gris à réseau noir; marge à deux séries de cellules en triangles alternes; carène discoïdale externe avec deux ampoules globuleuses, très-élevées et aréolées, l'une à l'extrémite, l'autre vers le milieu, ces ampoules empiètent sur les espaces latéral et discoïdal qui deviennent par là irréguliers. Dessous du corps noir. Long. 3.

Je n'en ai pas encore vu d'exemplaires de France. Elle est cependant indiquée par Amyot, elle est aussi notée par M. Frey-

Gessner, à Bâle, localité très-voisine de notre frontière. D'après M. Fieber et M. Horvath, elle vit sur l'*Echium vulgare.*

S. G. MONOSTEIRA. *Costa.*

30 M. UNICOSTATA. *Mls. Rey.* (*Aliena. Fieb.*). En ovale allongé, d'un flave testacé pâle, glabre; antennes flaves, le troisième article grêle, deux fois et demi aussi long que le quatrième, qui est ovoïde, un peu rembruni; tête un peu ferrugineuse, avec cinq épines blanchâtres, les postérieures assez longues, aussi longues que le diamètre de l'œil dont elles longent le bord interne. Pronotum atténué en avant, finement ponctué; la carène médiane fine, non aréolée; ampoule nulle, remplacée par un bourrelet en collier séparé du disque par un sillon brunâtre; marge réduite à une fine carène portant au niveau du sillon une petite expansion semilunaire, réfléchie et aréolée. Elytres avec une tache brune transverse plus ou moins vague vers le milieu et une plus petite au sommet de l'espace discoïdal; marge étroite, à une série de petites cellules régulières; espace latéral un peu élargi vers son milieu au dépens de l'espace discoïdal; espace apical grand à réseau plus ou moins brun. Pattes flaves, poitrine brune, ventre ferrugineux. Long. 2 $^1/_4$.

Espèce méridionale : souvent en quantité innombrable sur le *Populus alba*; Avignon, Hyères, Tarascon, Agde, Landes, Pyrénées.

Les exemplaires d'Algérie et de Russie méridionale sont bien plus pâles, presque blanchâtres.

31 M. PARVULA. *Sign.* 1865. Noire en dessus et au-dessous, ainsi que les pattes et les antennes, avec une fine pruinosité blanche; antennes à troisième article grêle, deux fois aussi long que le quatrième, qui est ovoïde. Tête fortement ponctuée avec deux épines à peine visibles. Pronotum très-convexe, fortement et densement ponctué; la carène médiane très-fine, non aréolée, blanchâtre; une fine bordure blanchâtre au bord antérieur, qui est sans ampoule et est séparé du disque par un sillon transverse marge latérale réduite à une fine carène filiforme, blanchâtre Marge élytrale très-étroite, avec une série de très-petites cellules transparentes, bien régulières; espace discoïdal avec les

carènes internes et externes blanches, la couleur blanche envahissant plus ou moins l'intérieur, la carène externe noire à l'extrémité et vers le milieu et, en ces points, un peu relevée (comme dans les Monanthia proprement dites), la côte oblique qui traverse l'espace discoïdal à peine visible; espace latéral anguleusement élargi au niveau de l'extrémité de l'espace discoïdal; espace apical ou membraneux grand, à réseau fin et en outre parcouru par cinq ou six nervures plus ou moins anastomosées, qui forment un second réseau plus large, plus élevé et très-irrégulier. Long. 2.

Extrêmement rare : Digne, Hyères, St.-Raphael en hiver (Rey). Vit probablement dans les marais avec les ***Hebrus***, ***Microvelia*** et un Coléoptère, qui présente avec ces insectes une singulière analogie d'aspect, le ***Tanysphyrus lemnœ***.

Famille des PHYMATIDES.

Corps anguleux en dessous et scaphoïde en dessus. Bords du pronotum et de l'abdomen lamelliformes, relevés. Tête étroite et assez longue, bifide en avant, un sillon transverse au milieu; des ocelles; yeux au milieu des côtés de la tête et un peu en dessous. Antennes à quatre articles, le dernier en massue allongée, reçu dans une fossette creusée en dessous du bord membraneux du pronotum. Bec court, fort, atteignant les hanches antérieures, lames rostrales très-élevées ; prosternum sillonné. Pronotum sillonné longitudinalement au milieu et avec une carène de chaque côté du sillon. Elytres formées d'une corie, d'un clavus étroit et court et d'une membrane chargée de quatre à cinq nervures principales, qui s'anastomosent et se bifurquent peu après la base pour former de nombreuses nervures parallèles. Pattes antérieures très-renflées, ravisseuses, le tibia formant une forte pince avec le fémur; tous les tarses à deux articles. Hanches antérieures écartées, les intermédiaires et postérieures contigues. Abdomen avec six segments stigmatifères dans les deux sexes.

♂ Un segment génital ovalaire occupant le centre du sixième segment, qui est prolongé en rebord tranchant au-delà du segment génital Massue des antennes occupant toute la longueur du bord du pronotum.

♀ Deux segments génitaux, le dernier formant un rebord tranchant l'avant dernier formé de plusieurs pièces vulvaires. Dernier article des antennes n'ayant que la moitié de la longueur du bord du pronotum.

Les insectes de cette famille paraissent vivre de proie.

Ils ont d'un côté des rapports avec les Tingidides et les Aradides et d'un autre avec les Réduvides. Les antennes en massue, les tarses biarticulés, les lames du sillon rostral me paraissent les rapprocher davantage des premiers que des derniers.

Un seul genre en Europe.

PHYMATA. *Latr.*

(SYRTIS. *Fab.*).

1 (2) Fémurs et tibias légèrement tuberculeux. Carènes dorsales du pronotum sans épines. Angles postérieurs des trois premie

segments du connexivum non prolongés en pointe. Membrane brunâtre.

1 P. Crassipes. *Fab.* (*Chelifer. Fourc.*). D'un brun chatain, plus ou moins foncé en dessus, dessous du corps, pattes et antennes testacés ; bord externe des trois premiers segments du connexivum blanc, ponctué de noir. Angle postérieur du pronotum tronqué et formant deux angles dont le postérieur est le plus aigu. Connexivum relevé, très-large, surtout au niveau du quatrième segment; son bord externe très-finement crénelé, chaque segment non sinué, les angles obtus et non saillants. Long. 8.

Sur diverses plantes : France méridionale et moyenne.

Var. Coarctata. Flor. Connexivum plus large, plus étalé, chaque segment plus angulé postérieurement et légèrement sinué.

France méridionale.

Flor donne pour son espèce les différences suivantes, que je ne puis saisir, bien que je possède des exemplaires des environs de Marseille, comme les siens : « Bord antérieur du pronotum moins profondément échancré, non en demi-cercle; angle postérieur du troisième segment abdominal prolongé en un angle aigu, court, mais saillant ; l'angle du quatrième plus aigu et par conséquent les côtés de l'abdomen plus larges proportionnellement à la base. Quatrième article des antennes un peu plus court; pronotum avec les côtés un peu plus larges. Bord inférieur des fémurs antérieurs presque entièrement droit, à peine sensiblement concave. Environs de Marseille ».

2 (1) Fémurs et tibias à épines blanches. Carènes dorsales du pronotum avec une forte épine sur leur milieu. Angle postérieur des trois premiers segments du connexivum prolongé en pointe. Membrane blanche.

2 P. Monstrosa. *Fab.* Plus petite, plus noire que la précédente, mais offrant cependant des variétés jaunâtres; tous les angles plus aigus et plus épineux; la dernière moitié du dos de l'abdomen et du connexivum blanchâtre. Long. 6.

Espèce exclusivement méridionale : Provence, Languedoc.

Famille des ARADIDES.

Corps ovalaire, très-plat en dessus et en dessous. Tête horizontale avec un long prolongement obtus entre les antennes et ordinairement plus long que leur premier article. Tubercule antennifère très-fort et fortement pointu en dehors. Yeux en arrière de la tête, saillants. Ocelles nuls. Antennes à quatre articles forts, épais. Bec plus long ou plus court que la tête, reçu dans un sillon de la tête et du sternum, lames rostrales courtes. Pronotum ordinairement avec des carènes longitudinales. Hémiélytres débordées par le connexivum qui est dilaté, membrane avec trois ou quatre nervures irrégulières et anastomosées (ou sans nervures : *Aneurus*). Pattes courtes, hanches petites, à peine saillantes, les antérieures insérées sur le disque du prosternum. Tarses à deux articles.

Ces insectes vivent sous les écorces ou dans leurs fentes, où leur forme aplatie leur permet de se glisser.

TABLEAU DES GENRES.

1 (2) Bec dépassant la tête et atteignant de l'extrémité du prosternum au milieu du métasternum. (Écusson triangulaire, relevé en carène latéralement; membrane avec des nervures; corps opaque, granuleux. Pronotum à quatre carènes.

Aradus.

2 (1) Bec très-court, entièrement logé dans un sillon du dessous de la tête.

3 (6) Écusson court, ne couvrant pas le dos de l'abdomen et les élytres. Carènes du pronotum réduites à des tubercules sur le lobe antérieur, nulles sur le lobe postérieur.

4 (5) Ecusson triangulaire; membrane ordinaire avec des nervures.

Mezira.

5 (4) Ecusson parfaitement arrondi au sommet; membrane très-grande envahissant presque tout le clavus et la corie, transparente et sans nervures.

Aneurus

6 (3) Ecusson couvrant tout le dos de l'abdomen [1] jusqu'au connexivum qui forme autour de lui une large bordure relevée, comme les bords d'une barque, régulièrement et élégamment denticulée ; une carène longitudinale sur le milieu de l'écusson jusqu'à son extrémité qui est arrondie, sa base triangulairement relevée et avec deux petits tubercules squameux de chaque côté. Tête avec un prolongement antérieur très-long et épais entre les antennes, aussi long que la tête elle-même. Antennes très-courtes, moniliformes, à articles globuleux, à peu près d'égale longueur, le dernier article dépassant seul le niveau de l'extrémité du prolongement céphalique. Tubercules antennifères aigus ; une petite épine derrière les yeux. Pronotum à quatre carènes entières.

ARADOSYRTIS.

ARADUS. *Fab.*

1 (2) Troisième article des antennes plus long que le deuxième.

1 A. VERSICOLOR. *H.-S.* Très-large, d'un brun foncé, une bordure blanchâtre transparente à l'angle antérieur du pronotum ; base des élytres de même couleur ainsi que leur nervure principale ; un point jaunâtre à l'extrémité postérieure des carènes médianes du pronotum ; genoux largement flavescents. Antennes robustes, troisième article presque deux fois aussi long que le deuxième, sa moitié apicale d'un blanc jaunâtre. Pronotum à bords crénelés, érodés, un peu sinué avant l'angle antérieur, qui est saillant, bord postérieur fortement échancré devant l'écusson, épaules larges, arrondies. Base des cories dilatée, finement crénelée extérieurement, membrane brunâtre. Connexivum très-large, bord postérieur de chaque segment d'un jaune ferrugineux. Bec dépassant à peine les hanches antérieures. Long. ♂ 7, ♀ 8 $^1/_2$.

Rare : Paris, Nancy, Ain, Lyon, Charente, Gers, Tarbes.

2 (1) Troisième article des antennes plus court ou aussi long que le deuxième.

(1) Caractère que l'on ne trouve que dans le Scutellerides et dans les *Calisius* Stål. genre d'Aradide exotique qui, peut-être, ne diffère pas de celui-ci.

3 (14) Deuxième article à peine plus long que le troisième.

4 (5) Antennes à peine plus longues que la tête.

2 A. Cinnamomeus. *Pz.* (*Leptopterus. Germ. Perrisii. Duf.*) Entièrement roussâtre, dessus à granulations blanchâtres très-fines; antennes très-courtes, dernier article rembruni. Bords du pronotum très-finement et régulièrement crénelés, angle antérieur saillant; carènes faibles, oblitérées en avant, bord postérieur très-peu échancré. Ecusson avec la moitié apicale excavée. ♂ : Corie dilatée à la base, ensuite fortement rétrécie aux dépens du bord externe, membrane en lanière élargie à l'extrémité. ♀ dimorphe. Forme macroptère : élytres complètes, peu rétrécies au côté externe, membrane grande, blanchâtre, transparente. Forme brachyptère : corie dépassant de peu l'écusson, sans membrane. Long. ♂ 3 1/2. ♀ 5.

Très-commun dans toute la France et la Corse, en battant les branches du pin sylvestre; les autres espèces, au contraire, se trouvent sous les écorces.

5 (4) Antennes notablement plus longues que la tête.

6 (7) Angle antérieur du pronotum avec une grande tache blanche transparente qui s'étend jusque vers le milieu des côtés.

3 A. Depressus. *Fab.* Brun noir, varié de ferrugineux et de blanchâtre. Antennes robustes, noires, le premier article roux, le deuxième plus étroit à la base qu'à l'extrémité; bords du pronotum denticulés, un peu sinués avant l'angle antérieur, qui est saillant, épaule arrondie; carènes fortes, entières, à granulations pubescentes grises, bord postérieur à peine échancré. Écusson très-excavé. Cories blanchâtres, marbrées de brun à l'extrémité, membrane brune à nervures et taches blanches. Pattes blanchâtres, cuisses à anneau brun. Bec atteignant seulement les hanches antérieures. Long. 5—6.

Assez commun, probablement dans toute la France, sous les écorces des bois feuillus : Nord, Paris, Vosges, Lyon, Isère, Pyrénées, etc.

7 (6) Angle antérieur du pronotum concolore.

8 (9) Marge du pronotum non denticulée. (Angle antérieur du pronotum non avancé ; pattes jaunâtres).

4 A. Pallescens. *H.-S.* Brunâtre ; antennes robustes, noires, le premier article et la base du deuxième roussâtres, le deuxième plus étroit à la base qu'à l'extrémité. Pronotum brun, le bord postérieur, l'extrémité des carènes et l'angle postérieur flavescents ; bord entier ou imperceptiblement crénelé ; angle antérieur obtus, non avancé, pas de sinuosité après l'angle ; bord postérieur presque droit. Écusson un peu élevé à la moitié basilaire, qui est brune, le reste flavescent. Cories flavescentes, membrane un peu rembrunie. Pattes et bec jaunâtres. Long. 5—6.

Très-rare : un exemplaire des Hautes-Pyrénées (Pandellé).

9 (8) Marge du pronotum denticulée.

10 (11) Base des cories avec une large tache blanche. (Pattes blanchâtres avec un anneau brun aux cuisses et aux tibias).

5 A. Truncatus. *Fieb.* D'un noir brun ; antennes entièrement noires, le deuxième article légèrement plus étroit à la base qu'au sommet. Pronotum à marge fortement relevée, son bord finement denticulé, épaule arrondie, angle antérieur légèrement avancé mais obtus, carènes fortes, bord postérieur peu échancré. Ecusson uniformément excavé. Cories brunes, la dilatation basilaire droite extérieurement, largement blanche un peu après la base et sur cette partie blanche un ou deux traits bruns ; après cette dilatation la corie se rétrécit brusquement et obliquement au côté externe ; quelques petits traits blanchâtres sur le clavus ; membrane atteignant presque l'extrémité de l'abdomen, brune avec quelques nervures blanchâtres. Segments du connexivum à bords postérieurs jaunâtres. Pattes blanchâtres avec un anneau brunâtre aux cuisses et aux tibias. Long. 6 $^1/_2$.

Très-rare : Metz, Strasbourg, Lyon, M[t]. Pilat, Compiègne Méry-s/-Oise.

11 (10) Cories entièrement noires ou peu distinctement blanchâtres à la base. Pattes noirâtres.

12 (13) Antennes à peine plus larges au sommet qu'à la base. (*A. Erosu* Fall. de Suède et d'Allemagne).

13 (12) Antennes très-fortement en massue, le deuxième article près trois fois aussi large au sommet qu'à la base.

6 A. Reuterianus. *Put. P. Nouv.* 1875. *An. Soc. Fr.* 76. 27 Atténué en avant; noirâtre, une petite tache roussâtre à l'e trémité de chaque segment du connexivum et quelquefois u tache roussâtre très-obsolète sur la dilatation basilaire de corie. Bec atteignant à peine les hanches antérieures. Antenn en massue très-forte, deuxième article près de trois fois aus large au sommet qu'à la base, le troisième encore plus larg en carré long, environ un quart plus court que le second, quatrième un peu moins large et un peu plus court. Tubercul antennifères avec une dent faible sur les côtés. Pronotum trapèze, bord antérieur presque droit, angle antérieur dro saillant, denté; bord latéral étroit, fortement denté en sci épaules effacées, bord postérieur non échancré. Ecusson un p élevé au milieu. Cories un peu dilatées à la base et en ce point bord externe finement denticulé. Membrane noirâtre avec que ques nervures blanchâtres. Long. 4 $^1/_2$—5.

Rare : Avignon, Fréjus, Hyères, Drôme, Tarbes, Corse.

14 (3) Deuxième article notablement plus long que le troisième.

15 (40) Deuxième article pas plus long que les troisième et quatriè réunis.

16 (29) Deuxième article aussi large à la base qu'au sommet.

17 (18) Deuxième article pâle. (*A. Distinctus*. Fieb. de Hongrie).

18 (17) Deuxième article noir.

19 (26) Troisième article des antennes noir.

20 (21) Pronotum fortement dilaté au milieu, beaucoup plus large que base des élytres (*Brevicollis*. Fall. de Suède).

21 (20) Pronotum plus étroit que la base des élytres.

22 (23) Antennes roussâtres, le dernier article plus court d'un cinquième seulement que l'avant dernier.

7 A. Dilatatus. *Duf.* (*Corticalis.* H.-S. *Annulipes.* Boh.). D'un jaune brunâtre varié de brun. Pattes brunes, cuisses avec un anneau flave avant les genoux, tibias avec deux anneaux, l'un près de la base, l'autre vers le sommet. Bec dépassant à peine les hanches antérieures. Antennes assez grèles. Marge du pronotum fortement dilatée à angle droit un peu avant le milieu, brusquement rétrécie en avant et plus faiblement en arrière, angle antérieur effacé, marqué par deux fortes dents ; bord latéral assez fortement denticulé sur la première moitié, plus faiblement sur la seconde ; bord postérieur échancré devant l'écusson. Celui-ci élevé au milieu. Corie dilatée à la base, membrane brune, à nervures concolores. Connexivum très-large, à taches brunes. Long. 8—10.

Assez rare : Paris, Vosges, Alsace, Hautes-Pyrénées.

23 (22) Antennes noires ; le dernier article plus court d'un tiers que l'avant dernier.

24 (25) Écusson large, à côtés arqués, son extrême sommet à peine ferrugineux, son disque élevé au milieu.

8 A. Corticalis. *Lin.* (*Complanatus.* H.-S.). D'un noir brunâtre obscur, bord des angles postérieurs du pronotum, base des cories, angle postérieur des segments du connexivum, sommet extrême de l'écusson et tibias ferrugineux. Antennes entièrement noires, assez peu épaisses. Bords du pronotum arqués, irrégulièrement denticulés, angle antérieur obtus, non avancé ; bord postérieur fortement échancré devant l'écusson. Membrane brune, nervures à peine plus pâles. Long. ♂ 6 1/2. — ♀ 8.

Rare : Vosges, Strasbourg.

25 (24) Écusson étroit, à côtés droits, sommet largement blanchâtre ; son disque à peine élevé au milieu.

9 A. Betulinus. *Fall.* Ne diffère de l'espèce précédente que par les

caractères ci-dessus indiqués et par conséquent très-difficile à distinguer. Long. 7—9.

Je n'en ai pas encore vu d'exemplaires de France, cependant il se trouve en Suisse.

Obs. L'*A. Planus.* Fab., que je ne connais pas, doit être très-voisin de cette espèce, il en diffère par les angles postérieurs du pronotum et la base des élytres largement jaunâtres, ainsi que les bords postérieurs des segments du connexivum.

26 (19) Troisième article des antennes blanc.

27 (28) Bords du pronotum très-distinctement denticulés.

10 A. Annulicornis. *Fab. Fieb. nec Reut.* (*Leucolomus Am.*). Brunâtre; de mêmes forme et aspect que le Corticalis. Troisième article des antennes blanc avec le tiers ou quelquefois la moitié de la base noire. Une petite dent au coté externe du tubercule antennifère et une autre en arrière de l'œil. Pronotum avec l'angle postérieur et l'extrémité postérieure des carènes plus ou moins largement jaunâtres; bord externe arqué, fortement denté en scie, l'angle antérieur indiqué par une dent assez forte, ce qui le rend aigu sans être bien saillant; bord postérieur fortement échancré devant l'écusson; carènes entières, les latérales divergentes en arrière. Écusson assez large, le milieu de son disque élevé, son extrême pointe souvent jaunâtre. Corie dilatée et jaunâtre à la base, membrane brune avec quelques nervures plus pâles. Bord postérieur des segments du connexivum jaunâtre. Pattes presque entièrement brunes. Long. 7—8 (1).

Rare : Paris, Vosges, Metz, Lyon, Gray, Isère, Hautes-Pyrénées, Landes.

28 (27) Bords du pronotum non ou indistinctement denticulés.

11 A. Melancholicus. *Put. nov. sp.* De la taille et de la forme du Corticalis; d'un noir terreux uniforme, les angles postérieurs du connexivum vaguement ferrugineux et la base des cories enco

(1) Les Aradus Annulicornis de Fieber et de Reuter ne sont pas les mêmes; mais Fabricius indiquant l'Autriche comme patrie, le nom d'Annulicornis doit rester à l'espèce de Fieber.

plus vaguement. Moitié apicale du troisième article des antennes blanche. Une dent derrière l'œil et point en avant. Côtés du pronotum assez fortement relevés, entiers, non crénelés ni dentés, assez régulièrement arqués, la plus grande largeur un peu après le milieu; angle antérieur indiqué seulement par une petite dent dirigée directement en dehors; bord postérieur fortement échancré devant l'écusson; carènes fortes, entières, les latérales un peu divergentes en arrière; moitié postérieure du disque plus convexe que l'antérieure, qui est enfoncée et forme presque des fossettes entre les carènes. Écusson assez large, subcaréné au milieu. Cories dilatées à la base, membrane brune. Pattes brunes, les genoux vaguement plus pâles. — Long. ♀ 7.

Un seul exemplaire de Gray (M. André).

Cet insecte ressemble beaucoup à l'A. Annulicornis. Fieb. mais sa marge prothoracique entière ne permet pas de l'y réunir, et je suis obligé à regret de décrire cette espèce sur un seul exemplaire.

29 (16) Deuxième article des antennes beaucoup plus grêle à la base qu'au sommet.

30 (31) Les trois derniers articles des antennes d'un blanc jaunâtre.

12 A. Flavicornis. *Dalm.* (*Flavomaculatus.* Luc., *Leucotomus.* Costa, *Lucasii.* Costa?) Etroit, allongé, parallèle, noir, une petite tache jaunâtre à l'extrémité de chaque segment du connexivum. Tête courte et large; antennes courtes, d'un blanc jaunâtre, le premier article et la base du deuxième noirâtres; bec atteignant l'extrémité du prosternum. Pronotum en trapèze; angle antérieur droit; bord externe à peine visiblement et régulièrement crénelé, à peine arqué, presque droit; bord postérieur droit, carènes discoïdales entières, presque parallèles; entre le bord externe et la carène latérale une élévation oblongue forme à la base le commencement d'un autre carène externe. Ecusson élevé dans son milieu. Corie non dilatée à la base, son bord externe droit; membrane blanche avec quelques taches noirâtres. Long. 3 1/2.—5 1/2.

Très-rare : Montagnes ds l'Esterel (Rey), Corse (Damry).

(30) Les trois derniers articles des antennes noirs, ou le troisième blanc, ou blanc au sommet.

32 (37) Le troisième article noir ou noir avec l'extrême sommet blanc.

33 (34) Deuxième et troisième articles avec l'extrême sommet blanc. Bord externe des élytres droit, non dilaté à la base.

13 A. Lugubris. *Fall.* Allongé, étroit, parallèle, noir, une tache pâle à l'angle postérieur des segments du connexivum; extrême sommet des deuxième et troisième articles des antennes blanchâtre. Bec atteignant presque le milieu du mesosternum. Bords du pronotum très-finement et régulièrement crénelés, un peu sinués avant l'angle antérieur, qui est saillant en avant; épaules peu proéminentes; bord postérieur presque droit, carènes discoïdales entières, élevées, presque parallèles. Écusson assez étroit, élevé au milieu. Élytres couvrant presque entièrement l'abdomen, leur bord externe droit, non dilaté à la base; membrame noirâtre, ses nervures très-finement bordées de blanc. Long. 5—6.

Très-rare en France : Hyères, Fréjus (M. Rey).

Cette espèce forme avec la précédente un petit groupe très-naturel et distinct par le bord externe des élytres droit.

34 (33) Deuxième et troisième articles entièrement noirs. Bord externe des élytres dilaté à la base.

35 (36) Pronotum et corie entièrement noirs.

14 A. Aterrimus. *Fieb.* Allongé, d'un noir profond en entier, excepté l'angle postérieur des cinq premiers segments du connexivum qui est étroitement blanchâtre. Pronotum et écusson à rugosités transverses. Antennes grêles, noires, le deuxième article graduellement renflé vers le sommet, mais cependant l'extrême base dilatée en bouton, le troisième de un quart plus court que le deuxième et un peu plus large que le deuxième au sommet. Bord du pronotum finement crénelé, relevé, fortement dilaté — arrondi un peu après le milieu, sinué avant l'angle antérieur qui est avancé, mais obtus; bord postérieur un peu échancré; carènes fortes, les latérales arquées en avant, où elles paraissent s

réunir aux médianes. Ecusson assez étroit, élevé au milieu. Elytres à dilatation basilaire allongée, légèrement rétrécies ensuite; membrane entièrement noire. Long. ♂ 6.

Je n'en ai vu que deux exemplaires, un de Gerardmer (Vosges), l'autre de Toulon. (Collect. Fairmaire).

36 (35) Une bordure aux angles postérieurs du pronotum et une tache flave un peu après la base de la corie (*Crenaticollis.* Sahlb. de Finlande [1]).

37 (32) Troisième article entièrement blanc.

38 (39) Marge du pronotum denticulée (*Anisotomus.* Put. = *Annulicornis.* Reut. nec. Fieb. de Suède et Finlande).

39 (38) Marge du pronotum entière (*Signaticornis.* Sahlb. de Finlande).

40 (15) Deuxième article grèle, cylindrique, plus long que les troisième et quatrième réunis. (Pronotum denticulé en scie sur les bords).

41 (42) Ecusson sans élévation au milieu. Deuxième article des antennes et tibias à tubercules très-fins, concolores et réguliers, à peine visibles. Dilatation basilaire de la marge élytrale non crénelée.

15 A. Varius. *Fab.* Elliptique, d'un jaune ferrugineux; antennes grèles, l'extrême sommet du deuxième article et l'extrémité du troisième blanchâtres; bec atteignant presque le milieu du mesosternum. Bords du pronotum explanés, arrondis, leur plus grande largeur vers le milieu; bord postérieur fortement échancré devant l'écusson; angle antérieur obtus; carènes fortes. Cories assez fortement dilatées à la base; membrane pâle, à taches plus foncées. Connexivum largement découvert, à taches brunâtres. Long. 6 $^1/_2$ — 8.

Rare : Alsace, Digne, Grande-Chartreuse, Hautes-Pyrénées.

42 (41) Ecusson avec une carène médiane en forme de calus. Deuxième

(1) L' *A. Crenaticollis.* Fieb., ainsi qu'il résulte de la description et d'un dessin inédit de l'auteur, parait différer de l'espèce de Sahlberg par le premier et le quatrième articles des antennes fauves, la denticulation forte et inégale du pronotum.

article des antennes et tibias plus fortement scabres, à tubercules plus saillants et souvent blanchâtres. Dilatation basilaire de la marge élytrale finement crénelée.

43 (44) Milieu de la marge du pronotum arrondi, non distinctement anguleux.

16 A. Betulæ. *Lin.* (*Ellipticus. Duf.*). Extrêmement voisin du précédent avec lequel il est souvent confondu. Il n'en diffère, outre les caractères ci-dessus indiqués, que par les suivants : taille plus grande; couleur plus grisâtre; deuxième et troisième articles des antennes bruns, assez souvent cependant la dernière moitié du troisième blanche; tête plus longue; bec plus long, atteignant au-delà du milieu du mesosternum. Long. 7 — 9 $^3/_4$.

Très-rare : Lyonnais, Grande-Chartreuse, Sainte-Baume, Landes, Hautes-Pyrénées, Fontainebleau.

44 (43) Marge du pronotum très-fortement dentée, son milieu dilaté en angle droit.

17 A. Caucasicus. *Kol.* Je rapporte à cette espèce un exemplaire de Corse qui ressemble beaucoup au *Betulæ*, et dont voici les caractères distinctifs : Corps plus élargi en arrière, moins elliptique, brun foncé, ponctué et marbré de jaunâtre ferrugineux une forte dent sur les côtés du tubercule antennifère, une épine antéoculaire et une postoculaire. Troisième article des antenne avec les deux tiers supérieurs blancs. Pronotum brun, la marge surtout au milieu, largement jaunâtre, fortement et anguleusemen dilatée au milieu, plus fortement dentée que les *Betulæ* et *Varius* ces dents, au nombre de neuf jusqu'à l'angle latéral et seulemen de trois ou quatre plus petites après cet angle; bord postérieur fortement échancré. Corie brune à mouchetures jaunâtres; la base dilatée, jaunâtre, à bord externe brun et finement crénelé ain que le connexivum; membrane brune, les nervures fineme bordées de blanchâtre. Connexivum large, brun en dehors, jau nâtre, ponctué de brun, en dedans; l'angle postérieur de chaqu segment saillant en forme de dent et largement bordé jaunâtre. Bec brun, atteignant le tiers antérieur du méso

tern m. Pattes brunes, hanches et extrémité des tibias flaves. Long. ♂ 8.

Un seul exemplaire de Corse.

MEZIRA. *Am. Serv.*

1 M. Granulata. *Am. Serv.* Noir, mat, fortement granulé sur tout le corps ainsi que les pattes et antennes. Pronotum divisé en deux lobes par un sillon transverse vague; le lobe antérieur avec quatre élévations longitudinales oblongues, les deux internes terminées inférieurement par un tubercule jaunâtre; angle antérieur prolongé en lobe obtus (♀), crénelé fortement (♀), comme tout le bord latéral; bord postérieur largement échancré. Ecusson sans carène médiane, un tubercule jaunâtre de chaque côté à la base. Élytres fortement débordées par le connexivum, excepté tout à fait à la base; membrane n'atteignant ni le bord ni le sommet de l'abdomen, noire à nervures rugueuses interrompues. Le ♂ a les angles antérieurs du pronotum non prolongés et tout son bord latéral bien plus régulier et plus finement crénelé. Long. 10.

France méridionale, extrêmement rare. On n'en connait que quelques vieux exemplaires dans les collections et sans indications précises de localité.

ANEURUS. *Curtis.*

1 A. Laevis. *Fab.* (*Avenius.* Duf). Brun ou brun ferrugineux, un peu brillant, finement rugueux; pattes et antennes rousses. Corie très-courte; membrane très grande, brune, ruguleuse, sa base très-étroitement blanchâtre. Connexivum chargé en dessus d'une série de tubercules allongés. Ecusson bordé d'une carène. Les deux premiers articles des antennes globuleux, le premier plus grand que le deuxième; les deux derniers allongés, cylindriques, le troisième un peu plus court que le quatrième. Long. 5—6.

Probablement toute la France : Lille, Paris, Vosges, Yonne, Lyon, Néris, Nimes, Tarbes, Landes, etc.

ARADOSYRTIS. *Costa*

1 A. Ghilianii. *Costa.* Ovalaire, noir, opaque avec un duvet grisâtre écailleux. Antennes et pattes d'un testacé livide, cuisses brunes; tête avec deux lignes longitudinales, élevées, squameuses, blanchâtres, depuis la base jusqu'à la base du prolongement antérieur. Pronotum à bords dentés, l'angle antérieur formé par une de ces dents ; bord postérieur un peu convexe en arrière; disque avec quatre carènes chargées de fascicules d'écailles. Base de l'écusson triangulairement relevée, chargée de fascicules écailleux, ses bords finement crénelés et laissant à découvert en dehors une côte qui doit être celle des élytres. Connexivum très-relevé, son bord externe ayant une double rangée de fines crénelures, dont une sur trois est d'un blanchâtre squameux. Long. 3.

Un seul exemplaire, que j'ai pris sous une écorce dans la forêt de la Sainte-Baume.

Famille des HÉBRIDES.

Corps de consistance coriace, de très-petite taille, revêtu d'un duvet court, serré, imperméable à l'eau. Bec de quatre articles, atteignant les hanches postérieures. Lames rostrales hautes, prolongées en pointe jusqu'au delà de la base de la tête; poitrine canaliculée. Antennes de cinq articles. Élytres avec une corie étroite, triangulaire, mais le clavus membraneux comme la membrane, qui est grande et privée de nervures. Écusson découvert. Yeux à grandes facettes; des ocelles entre les yeux. Pattes robustes, hanches postérieures très-distantes; tarses à deux articles, deux ongles très-petits insérés à l'extrémité du dernier article et entre eux un petit appendice membraneux. Mâle à deux segments génitaux, femelle à trois segments.

Insectes vivant sur les plantes marécageuses, à la surface de l'eau, particulièrement les Lemna, comme le Tanysphyrus lemnæ, coléoptère qui a avec ces insectes des analogies de taille et d'aspect très-remarquables.

Obs. 1. Ces insectes ont des rapports d'hérédité avec les Tingidides et les Lygæides et des rapports d'adaptation avec les Hydrométrides : il en résulte dans les auteurs des divergences quant à la place systématique à leur assigner dans la classification linéaire, qui ne peut présenter des rapports multiples et doit se contenter des plus importants qui ne sont pas toujours les plus apparents (1).

Obs. 2. Le genre Mesovelia pourrait être presque aussi bien placé dans les Hébrides que dans les Hydrométrides ; je préfère aujourd'hui le placer dans ces derniers, bien qu'il en diffère par la position de ses ongles, son écusson largement découvert, ses hanches contigues, parce qu'il me

(1) D'ailleurs, pour ne pas éloigner les Hebrus, Mesovelia et Gerris, on peut modifier l'ordre des familles, que j'ai donné provisoirement dans ma première livraison et une nouvelle étude me fait proposer le suivant comme plus naturel : Pentatomides, Coreides, Berytides, Lygæides, Tingidides, Phymatides, Aradides, Hébrides, Hydrométrides, Reduvides, (*Emesini*, *Reduvini*, *Nabini*). Saldides, Capsides (*Cimicini*, *Anthocorini*, *Capsini*, *Isometopini*). Pelegonides, etc. Le passage des Hydrometrides aux Reduvides se fait naturellement par les Émesa, et celui des Capsides aux Pelegonides par les Isometopus.

paraît s'éloigner davantage des Hébrides par l'absence de lames rostrales de canal pectoral, ses antennes à quatre articles et ses tarses à trois.

Cette famille ne renferme que le genre :

HEBRUS. *Curt.*

(NÆOGÆUS *Lap.*).

1 H. PUSILLUS. *Fall.* D'un noir brunâtre, opaque, finement pubescent en dessous. Premier article des antennes presque deux fois aussi long que le diamètre de l'œil, dépassant de beaucoup le sommet de la tête et plus épais que les autres. Elytres avec une tache blanche à la base sur le clavus; membrane brunâtre avec deux taches blanches transverses et une troisième longitudinale. Pronotum longitudinalement canaliculé au milieu. Ecusson avec les bords relevés. Long. 2.

Var. Erythrocephalus. Lap. Tête et devant du pronotum plus ou moins roux.

Probablement toute la France, dans les marais, surtout sur les Lemna : Nord, Vosges, Aude, Charente, etc.

Obs. L'*H. Ruficeps. Thms. J. Sahlb.*, de l'Europe boréale, en diffère par la tête et le pronotum roux, le premier article des antennes plus court, à peine plus long que le diamètre d'un œil et la membrane sans taches blanches. Il est dimorphe.

Famille des HYDROMÉTRIDES.

Corps très-dur, très-coriace, couvert en dessous d'un enduit soyeux, court, argenté, hydrofuge. Corie, clavus et membrane non nettement séparés et de consistance homogène. Antennes à quatre articles. Tarses à deux ou trois articles. Les ongles insérés avant l'extrémité du dernier article des tarses (excepté Mesovelia et Hydrometra), sans appendice membraneux entre eux. Connexivum fortement relevé comme les bords d'une barque. Orifices odorifiques nuls ou indistincts.

Insectes éminemment carnassiers, comme les Reduvides, vivant sur l'eau, à la surface de laquelle ils nagent ou courent.

Cette famille se compose de tribus très-disparates et qui pourraient former des familles distinctes; je crois cependant préférable de les réunir.

TABLEAU DES TRIBUS.

1 (4) Hanches contigues. Ecusson non recouvert par un prolongement du pronotum. Ongles apicaux.

2 (3) Ocelles grands. Pronotum avec un sillon transverse, non rebordé. Ongles très-petits, pattes et antennes grèles, premier article des antennes beaucoup plus long que le deuxième. Elytres entières ou nulles.

MESOVELINI.

3 (2) Pas d'ocelles. Pronotum uni sur son disque, rebordé en avant et sur les cotés. Ongles très-grands; pattes et antennes robustes.

Premier article des antennes beaucoup plus court que le deuxième; élytres écourtées.

Aëpophilini (1).

4 (1) Hanches postérieures très-écartées, insérées sur les côtés du corps. Écusson entièrement recouvert par un prolongement triangulaire du pronotum, ou bien (Hydrometra) à peine visible. Ongles le plus souvent antéapicaux.

5 (6) Tête très allongée, horizontale, subcylindrique et renflée en avant; yeux insérés vers le milieu de sa longueur, très-loin du bord antérieur du pronotum. Ongles apicaux. Troisième article des antennes le plus long. Ailes sans lobes.

Hydrometrini.

6 (5) Tête courte, inclinée et atténuée en avant. Yeux touchant le bord antérieur du pronotum. Ongles antéapicaux. Premier article des antennes ordinairement le plus long. Ailes à trois lobes.

(1) Au moment de la correction des épreuves, M. Signoret m'informe de la découverte d'un genre nouveau de cette famille et veut bien m'envoyer la description suivante que je transcris textuellement.

GENRE AËPOPHILUS. *Sig.*

« Corps ovalaire, deux fois plus long que large, recouvert d'une pubescence dense et
» fine. Tête court, angulairement arrondie en avant, enclavée jusqu'aux yeux ; ceux-ci
» petits, arrondis, multiglobuleux et non à facettes, ocelles nuls. Tubercules antennifères petits, en dessous de la tête ; antennes longues, assez épaisses, quadriarticulées,
» les articles de même épaisseur, le premier article le plus court, le second le plus
» long, le troisième un peu plus court que le deuxième et plus long que le quatrième.
» Rostre libre atteignant les hanches intermédiaires, le premier article court, épais,
» plus étroit vers le chaperon, le second le double plus long, le troisième le plus court,
» le quatrième égalant le premier et s'attenuant progressivement de la base au sommet
» pour finir en pointe. Prothorax une fois et demie plus large que long, un peu plus
» étroit au bord antérieur qu'en arrière, légèrement rebordé en avant et sur les cotés;
» écusson très-court, semi-circulaire. Elytres formant deux squames triangulaires
» finissant au coté externe par une pointe effilée; en recouvrement à la suture et formant
» entre elles une profonde échancrure. Pattes moyennes, densément pubescentes, les
» tibias postérieurs les plus longs. Tarses triarticulés, le premier article très-petit,
» le troisième le plus long, le deuxième d'un tiers moins; à l'extrémité du troisième
» deux fortes et longues griffes. Abdomen élargi au milieu, convexe en dessus et
» dessous et offrant suivant les sexes les organes en dessus et en dessous. Nous avons
» dessiné avec soin ceux-ci et nous sommes dans l'incertitude, nous pensons que ceux
» de la femelle sont en dessus et ceux du mâle en dessous, autrement comment aurait
» lieu l'accouplement ?

» Nous ne voyons aucun genre auquel nous puissions comparer celui-ci et la pl...

7 (8) Pattes postérieures pas beaucoup plus longues que les antérieures. Hanches intermédiaires, à peu près à égale distance des antérieures que des postérieures, les trois segments pectoraux étant peu différents en longueur. Bec à trois articles.

VELINI.

8 (7) Pattes postérieures et surtout intermédiaires très-notablement plus longues que les antérieures. Hanches intermédiaires très-rapprochées des postérieures et très-éloignées des antérieures, le mesosternum étant très-grand et les pro et metasternum très-courts. Bec à quatre articles.

GERRIDINI

Trib. 1. MESOVELINI.

Corps oblong; tête oblongue, atténuée en avant, inclinée. Yeux grands, touchant presque le bord antérieur du pronotum. Ocelles grands, rapprochés l'un de l'autre, situés sur le vertex. Bec à trois articles, atteignant les hanches intermédiaires. Antennes grêles, à quatre articles, le premier le plus long, un peu arqué. Pronotum atténué en avant, non marginé latéralement, divisé en deux lobes inégaux (l'antérieur plus court),

» qu'il doit occuper est assez problématique — l'habitat de la seule et unique espèce
» qui le composera pour le moment nous porte à le placer près des Veliides, quoiqu'il
» s'en éloigne par le prothorax qui recouvre en entier l'écusson dans ces derniers, et
» par les griffes des tarses. Comme aspect, l'espèce se rapproche beaucoup du Cerato-
» combus, mais s'en éloigne par la forme des antennes et surtout des élytres; de plus
» l'habitat les rapproche, puisque nous avons trouvé le *Ceratocombus muscorum* sous
» des plaques herbeuses de mares desséchées dans les bois, tandis que ceux-ci se trou-
» vent sous les pierres à marée basse.

AÊPOPHILUS BONNAIREI. *Sig.*

♂ et ♀. Longueur 3 mill. Largeur 1 1/2 m.
Ile de Ré.

« D'un jaune brunâtre plus ou moins rougeâtre; la tête, l'abdomen presque noirs et
» recouvert d'une fine pubescence soyeuse; antennes, rostre et pattes d'un jaune rou-
» geâtre. Tête conique, arrondie, finement et rarement ponctuée, à peine plus large
» que longue — le lobe médian avec les sutures ne dépassant pas le tiers apical du
» vertex; clypeus plus long que large, faiblement caréné au milieu et sur les côtés — et
» occupant toute l'étendue du front — les joues larges avec l'insertion des antennes
» entre les yeux et la naissance du rostre. — Prothorax un peu plus court que la tête,
» une fois trois quart plus large que long, le bord antérieur légèrement concave, le
» postérieur presque droit les côtés un peu convexes. — Elytres courtes, terminées
» en pointes aigues au côté externe qui est le plus long, concaves au côté interne qui

par un sillon transverse à convexité antérieure ; bord postérieur arqué en arrière. Écusson grand, découvert, divisé en deux parties inégales, dont l'apicale, plus petite, est excavée au milieu et relevée sur les bords. Elytres subhomogènes, clavus et membrane membraneux, corie submembraneuse, avec trois fortes côtes longitudinales élevées et deux transverses obliques à la base de la membrane, qui elle même est privée de nervures. Toutes les hanches rapprochées, surtout les postérieures qui sont contigues. Pattes allongées, fines, avec quelques soies épineuses, paraissant devoir servir à marcher aussi bien qu'à nager. Tarses à trois articles, le premier très-court, ongles apicaux.

Le genre Mesovelia a été réuni aux Veliides, par M. John Sahlberg, qui n'en a connu que la forme brachyptère ; il paraîtrait devoir plutôt constituer une famille à part, à cause des nombreuses différences qu'il présente avec les autres tribus des Hydrométrides.

Un seul genre dont les caractères sont ceux de la tribu :

MESOVELIA. *Mls. Rey.*

(**FIEBERIA.** *Jak.*).

1 M. Furcata. ***Mls. Rey.*** (***Lacustris. Jak.Parra. J. Sahlb.***) Espèce dimorphe :

» présente un repli saillant ; à la suture les élytres sont en recouvrement en dessous de » l'écusson. La couleur des élytres est variable, d'un brun noirâtre sur le disque et » d'un jaune rougeâtre quelque fois claire à la côte et d'autre fois d'un jaune rougeâtre » sur le disque et d'un brun noirâtre à la côte ; l'extrémité finissant en pointe laisse à » découvert la plus grande partie du metanotum et de l'abdomen, celui-ci est ovalaire » convexe en dessus et en dessous et d'un brun noirâtre. Pattes médiocres, les cuisses » un peu épaisses, les tibias un peu comprimés, un peu plus large au sommet, les » griffes noires.

» Cette espèce remarquable a été trouvée en septembre dans l'Ile de Ré, à marée » basse, en compagnie de l'*Aëpus Robinii*, sous les pierres fortement enfoncées dans la » vase, par notre collègue M. le baron Bonnaire ». (Signoret).

M Signoret m'ayant obligeamment donné un exemplaire de ce curieux insecte, j'ajoute que toutes les hanches sont contigues et que les organes sexuels me paraissent en dessous de l'abdomen chez la femelle et en dessus chez le mâle, ce qui ne me semble pas impossible, puisque l'accouplement chez les Hémiptères se fait souvent bout à bout ; il faut du reste attendre une étude que promet sur ce point M. Signoret. Cet insecte formera un nouveau groupe, les **AËPOPHILINI**, qui a des caractères communs aux ***Mesovelini*** et aux ***Velini***. Il diffère des Mesovelini par l'absence d'ocelles, les tubercules antennifères effacés, la forme du pronotum, le premier article des antennes court, l'écusson petit, les pattes plus robustes, les ongles très-forts, destinés comme dans les ***Elmis*** et ***Hæmonia*** à se cramponner fortement aux rochers et aux plantes. — Il diffère bien plus des Velini par ses hanches contigues, ses ongles apicaux, etc

Forme macroptère : Oblong, testacé blanchâtre à fine pubescence blanche en dessous, d'un jaune ferrugineux varié de brunâtre et opaque en dessus. Antennes et pattes flaves, l'extrémité des articles des antennes, des tibias, des tarses et du bec noire. Premier article des antennes avec une soie raide au tiers supérieur en dedans. Tête rousse. Pronotum roux, le lobe antérieur sans taches ni bandes, mais avec une impression transverse au milieu, le lobe postérieur un peu plus foncé avec une bande longitudinale brune de chaque côté de la ligne médiane et une bande arquée brune sur les épaules et le bord postérieur. Écusson jaunâtre au centre et brun sur les bords qui sont relevés. Élytres blanches avec les côtes largement brunes, espace membraneux blanc avec une bande longitudinale noire et le bord arqué de même couleur. Pattes avec des soies raides surtout sur le bord postérieur des cuisses. Long. 3 $^1/_2$.

Forme brachyptère : Dessous du corps comme dans la forme macroptère, mais dessus entièrement lisse, vernissé, d'un jaune olivâtre brillant, uniforme ou un peu varié de brun. Absence totale d'élytres ; segments thoraciques de forme toute différente, qui ferait penser à un état larvaire, si les organes génitaux n'étaient parfaits. Long. 3— 3 $^1/_2$.

Extrêmement rare ; forme macroptère : Fallavier (Isère, M. Rey), Lille (M. de Norguet) ; forme brachyptère : Dax (M. Duverger). Il est remarquable que cet insecte, qui est très-rare partout, a cependant un habitat très-étendu, puisqu'il a été rencontré en France, en Écosse, en Laponie, en Syrie, à Astrakhan et enfin en Sicile (Catane).

Trib. 2. HYDROMETRINI.

Corps très-allongé, linéaire. Tête horizontale, cylindrique, renflée en massue antérieurement. Yeux globuleux, insérés au milieu des côtés de la tête ; pas d'ocelles. Antennes filiformes, le premier article un peu plus épais et plus court que les suivants, le troisième le plus long de tous. Bec grêle, n'atteignant pas tout à fait la base de la tête, à trois articles. Pronotum étroit, bord postérieur légèrement arqué en arrière. Ecusson nul chez les exemplaires brachyptères, très-petit, à peine visible chez les macroptères. Élytres de consistance homogène, avec deux nervures principales longitudinales. Ailes simples, sans lobes. Hanches intermédiaires et postérieures très-écartées, situées sur les côtés du corps, les antérieures peu écartées. Metasternum le plus grand des segments pectoraux. Pattes très-grèles, filiformes, servant plutôt à marcher qu'à nager; tarses à trois articles, le premier très-court, ongles apicaux. Segments ventraux paraissant soudés, les sutures étant très-faibles sur les côtés et invisibles sur le milieu.

Un seul genre :

HYDROMETRA. *Latr.* 1796.

(LIMNOBATES. *Burm.*).

1 H. Stagnorum. ***Lin.*** (*Acus de G.*). D'un noir brunâtre, sommet de la tête, base des antennes, hanches et pattes (moins les genoux) d'un roux ferrugineux. Pronotum plus ou moins roussâtre, connexivum étroitement roux. — Forme macroptère : pronotum plus convexe, à épaules proéminentes; élytres n'atteignant pas tout à fait l'extrémité de l'abdomen, brunes avec une série de taches blanchâtres le long du bord externe. — Forme brachyptère : pronotum moins convexe, épaules non proéminentes, élytres moins longues et plus étroites que le métanotum, linéaires avec une série de taches blanchâtres. Long. 11—13.

Commun dans toute la France sur le bord des mares.

Trib. 3. VELINI.

Corps oblong, un peu atténué en avant et en arrière. Tête oblongue, inclinée, atténuée en avant; yeux grands, touchant presque le bord antérieur du pronotum. Ocelles nuls ou peu visibles. Antennes à quatre articles. Bec fort, dépassant les hanches antérieures. Pronotum étroit en avant, large aux épaules, bords non marginés; bord postérieur prolongé en un triangle obtus. Elytres homogènes, sans distinction de corie ni de membrane, noires à taches blanches, avec des nervures formant quatre à six cellules. Ailes à trois lobes. Hanches intermédiaires et postérieures (1) très écartées, latérales; les antérieures plus rapprochées.

(1) M. Horvath dit par erreur : *Coxis posterioribus approximatis*

mais non contigues. Pattes robustes servant à la nage, les antérieures un peu plus courtes ; cuisses renflées. Tarses à trois ou deux articles ; ongles insérés avant l'extrémité du dernier article des tarses. Deux segments génitaux dans les deux sexes, peu saillants, surtout chez la femelle.

TABLEAU DES GENRES.

1 (2) Premier article des antennes à peine arqué, plus court que le quatrième qui est le plus long de tous. Tous les tarses à deux articles (1). Taille très-faible. Tibias intermédiaires non ciliés, cuisses postérieures inermes dans les deux sexes.

MICROVELIA.

2 (1) Premier article des antennes arqué, le plus long de tous. Tous les tarses à trois articles, le premier très-court. Taille plus grande. Tibias intermédiaires fortement ciliés en arrière. Cuisses postérieures à deux fortes épines chez le mâle

VELIA.

MICROVELIA. *Westw.* 1834.

HYDROESSA. *Burm.* 1835.

1 M. PYGMÆA. ***Duf.*** (***Pulchella. Westw. Reticulata. Burm.***). Connexivum largement roux en dessus et en dessous, ainsi que le bord antérieur du pronotum. Premier article des antennes et cuisses presque en entier jaunâtres, extrémité des cuisses, tibias et tarses rembrunis. — Noire, dessous du corps, côtés de la tête et du bord antérieur du pronotum avec un fin duvet court, serré et argenté. Pronotum convexe, à épaules saillantes, processus grand, arrondi. Elytres noires, à grandes cellules, marquées en outre de cinq ou six grandes taches blanches, celles de la base allongées, une au milieu très-grande, oblongue, celles de l'extrémité plus petites. Dans la forme brachyptère les élytres sont tout à fait nulles, le dos de l'abdomen est noir avec une série de taches de duvet blanchâtre au milieu. Long. 2 $^1/_4$.

Rare : Landes, Pyrénées, Digne.

2 M. SCHNEIDERI. *Scholtz.* Ne diffère de la précédente que par les caractères suivants : Connexivum et pronotum entièrement noirs. Pattes et antennes noires avec la base seule des cuisses jaunâtres.

(1) MM. Flor et Horvath indiquent les tarses postérieurs à trois articles ; je ne les crois que biarticulés.

Taches des élytres paraissant moins grandes, mieux limitées, plus arrondies. Long. $2\ ^1/_4$.

Assez rare : Nord, Vosges, Yonne, Morbihan, Corse, etc.

VELIA. *Latr.*

1 (2) Ventre et connexivum entièrement roux, sans taches. Insectes macroptères.

1 V. Major. *Put.* Forme macroptère seule connue. Cette espèce ne diffère réellement de la rivulorum que par les caractères suivants : taille plus grande, pronotum en dessus et en dessous entièrement d'un ferrugineux plus pâle et plus uniforme ; ventre, dos de l'abdomen et connexivum entièrement d'un roux clair sans taches ; cuisses postérieures des mâles plus fortement dentées et beaucoup plus épaisses, égalant environ trois fois la largeur des intermédiaires, tandis que dans la Rivulorum elles égalent à peine deux fois cette largeur. La tache blanche du milieu des élytres est arrondie comme dans la Rivulorum Long. 8.

Espèce tout à fait méridionale : Hyères, Corse. — Aussi en Sardaigne, Sicile et Algérie (Bône et Alger).

Obs. Je possède un exemplaire mâle de Sardaigne dont le trochanter postérieur porte à son extrémité en arrière un groupe de trois petites épines. Ce caractère ne me paraît qu'accidentel puisqu'il ne se retrouve pas dans les autres exemplaires que j'ai vus des Major et Rivulorum. Il est cependant à remarquer que Schummel l'indique dans sa Rivulorum.

Cette espèce est certainement plus distincte de la rivulorum que cette dernière ne l'est de la currnes; les auteurs s'accordent cependant à séparer ces deux dernières espèces, bien que certains exemplaires paraissent faire le passage.

2 (1) Connexivum avec une tache noire à l'extrémité de chaque segment et visible en dessus et en dessous.

3 (4) Ventre avec une série de taches noires sur les flancs, ces taches non contigues, celles de l'extrémité plus faibles, souvent nulles. Insecte ordinairement macroptère.

2 V. Rivulorum. *Fab. Forme macroptère* : D'un noir velouté, pronotum brun, son bord antérieur et le prosternum d'un roux ferrugineux; une tache de duvet blanc de chaque côté du pronotum en avant; pattes noires avec les hanches en partie rousses, quelquefois une partie des pattes jaunâtre, surtout la base. Élytres noires ayant chacune quatre taches d'un beau blanc, une allongée tout à fait à la base, une ovale près de l'extrémité du processus scutellaire, la troisième ronde au milieu, la quatrième, semblable à la troisième, un peu avant l'extrémité. Ventre et dos de l'abdomen d'un roux clair, l'extrémité des angles de chaque segment du connexivum noire en dessus et en dessous, une série de taches noires sur les côtés du ventre, une sur chaque segment; ces taches plus grandes sur les segments de la base vont successivement en diminuant et disparaissent sur les derniers segments. — ♂ Cuisses postérieures avec deux épines assez fortes à leur bord postérieur et d'autres plus petites sur toute leur longueur; deux segments génitaux visibles. — ♀ Cuisses postérieures mutiques; un seul segment génital visible. Long. 8.

Forme brachyptère : Ailes et élytres nulles, pronotum un peu plus étroit. Dos de l'abdomen noirâtre, avec l'écusson et la ligne médiane le plus souvent légèrement ferrugineux; une série de taches de duvet argenté sur les côtés du dos de l'abdomen entre le connexivum et la ligne médiane. Long 7.

La forme brachyptère (*Aptera. Fab.*) est souvent confondue avec la *V. Currens*; elle s'en distingue par une taille un peu plus grande, la coloration du ventre, les pattes souvent plus pâles à la base, le pronotum moins obscur ainsi que le dos de l'abdomen. — Cependant on rencontre quelquefois des exemplaires (Toulouse, Sicile, Portugal) chez lesquels les taches ventrales sont plus grandes, presque contigues et forment une bande presque aussi large et entière que dans la *Currens*.

France méridionale et moyenne : Provence, Languedoc, Pyrénées, Gers, Yonne, etc.

4 (3) Ventre avec une large bande latérale noire de chaque côté, allant sans interruption de la base à l'extrémité. Insectes ordinairement brachyptères.

3 V. Currens. *Fab. Forme macroptère* : Cette forme est extrêmement rare et je n'en ai encore vu qu'un seul exemplaire trouvé dans les Hautes-Vosges. Outre les caractères de la coloration du ventre, il diffère de la V. Rivulorum par la taille plus petite, les pattes et le pronotum plus noirs, la tache médiane des élytres ovale au lieu d'être ronde, le dos de l'abdomen avec les trois derniers segments bruns au lieu d'être roux. Long. 7.

Forme brachyptère : Ailes et élytres nulles. Dos de l'abdomen entièrement noir avec une série de taches de duvet argenté entre le connexivum et la ligne médiane. Côtés du ventre, comme dans la forme macroptère, avec une large bande longitudinale noire qui s'étend depuis le connexivum jusque près de la ligne médiane, qui reste seule rousse. Long. 6 $^1/_4$ — 6 $^1/_2$.

France septentrionale et moyenne; sur les ruisseaux surtout dans les forêts : Nord, Vosges, Pyrénées, etc.

Schummel dit que les deux derniers articles des antennes sont plus épais dans Currens que dans Rivulorum ; cette différence n'est pas sensible pour moi.

Obs. On voit par ce qui précède combien les espèces de ce genre sont voisines et peu solidement établies ; il serait à désirer qu'on en récoltât dans chaque localité de nombreuses séries pour mieux juger de la validité de leur séparation.

Trib. 4. GERRIDINI.

Corps étroit, allongé. Tête atténuée en avant, inclinée; yeux grands, globuleux, touchant le bord antérieur du pronotum; ocelles difficiles à voir. Antennes filiformes, à quatre articles, le premier le plus long. Pronotum allongé, un peu atténué en avant, prolongé en arrière en un processus scutellaire grand, obtus. Élytres de consistance homogène, opaques, tomenteuses, à fortes nervures longitudinales. Ailes à trois lobes. Prosternum et métasternum très-courts, mésosternum extrêmement grand. Hanches antérieures rapprochées, les intermédiaires et postérieures extrêmement longues, cylindriques, grêles et filiformes, destinées à ramer et impropres à la marche, les antérieures beaucoup plus courtes et moins grêles. Tarses à deux articles; ongles faibles, insérés avant l'extrémité du dernier article des tarses ; tarses antérieurs beaucoup plus courts et plus épais que les intermédiaires et postérieurs. Sixième segment du connexivum prolongé en pointe en arrière. Trois segments génitaux chez le mâle et deux seulement chez la femelle.

Ces insectes carnassiers rament avec vivacité sur les ruisseaux et étangs ; sortis de leur élément, ils ne peuvent qu'exécuter sur terre des sauts irréguliers et désordonnés. Ils montrent une grande ardeur dans leurs amours. Espèces souvent dimorphes.

Un seul genre :

GERRIS. *Fab.* 1794. *Latr. Dgl. Sc.*

(HYDROMETRA. *Fab. Fieb. etc.* TENAGOGONUS. *Stål.*).

1 (2) Antennes un peu plus longues que la moitié du corps. Fémurs intermédiaires sensiblement plus courts que les postérieurs. (Premier article des antennes plus court que les deuxième et troisième ensemble ; angle latéral postérieur du sixième segment abdominal en pointe longue, subulée). — (*Limnoporus. Stål*).

1 G. Rufoscutellata. *Latr.* (*Lacustris Fall.*). Etroite, parallèle, d'une brun olivâtre, pronotum presque entièrement roux. Antennes, hanches et pattes en grande partie rousses ; cuisses antérieures avec une ligne brune en dehors ; ventre plus ou moins roux sur la ligne médiane, surtout à l'extrémité. Une tache rousse à l'extrémité du métasternum, plus visible chez le mâle, quelquefois nulle chez la femelle. — ♂ sixième segment ventral très-profondément mais simplement échancré, ses épines latérales n'atteignant pas l'extrémité des segments génitaux. — ♀ sixième segment ventral moins profondément échancré, ses épines latérales dépassant l'extrémité des segments génitaux. Long. 13—17.

Rare : Nord, Alsace, Béziers, Dax, etc.

2 (1) Antennes plus courtes, à peine aussi longues que la tête et le pronotum. Fémurs intermédiaires égaux aux postérieurs ou plus longs.

3 (6) Angle latéral postérieur du sixième segment abdominal prolongé

en pointe très-longue, très-aigue, subulée. Premier article des antennes sensiblement plus long que les deuxième et troisième réunis. (*Hygrotrechus. Stål.*).

4 (5) Pointe du sixième segment abdominal atteignant ou dépassant l'extrémité des segments génitaux. Bord latéral externe du pronotum avec une fine ligne flave dans ses deux tiers postérieurs.

2 G. Paludum. *Fab.* Allongée, un peu plus large au niveau des hanches intermédiaires ; noire, une ligne médiane sur le lobe antérieur du pronotum, une ligne marginale au lobe postérieur, une partie des hanches, le bord postérieur du dernier segment ventral et une fine ligne externe au connexivum d'un jaune roux. Pattes et antennes noires. Métasternum non excavé même chez le mâle. Ventre légèrement caréné longitudinalement surtout chez le mâle. — ♂, sixième segment ventral anguleusement et profondément échancré, ses épines latérales atteignant le sommet des segments génitaux ; premier segment génital avec une carène médiane fourchue en avant. — ♀, sixième segment ventral simplement échancré en arc ; ses épines latérales dépassant l'extrémité des segments génitaux. Long. 14—15.

Toute la France, sur les rivières et grands canaux. Presque toujours macroptère, on trouve cependant quelques exemplaires à élytres n'atteignant que le milieu de l'abdomen.

(4) Pointe du sixième segment n'atteignant pas le sommet des segments génitaux. Bord externe du pronotum sans ligne flave.

3 G. Najas de Géer (*Aptera, Schum. Canalium, Duf.*) Allongée, d'un noir olivâtre ; hanches maculées de flave ; métasternum flave ainsi qu'une grande tache triangulaire à la base du mésosternum surtout chez la femelle. Ventre non caréné longitudinalement ; épines du sixième segment n'atteignant que l'extrémité du premier segment génital dans les deux sexes. Ordinairement brachyptère avec des rudiments d'élytres réduits à des écailles cornées à peine apparentes. N'est cependant pas très-rare à

l'état macroptère à élytres entières et dans les deux sexes; ces élytres quelquefois avec des taches jaunes (*Fasciata, Sign.*) — ♂ métasternum et base de l'abdomen largement excavés; sixième segment profondément échancré en arc aux faces ventrale et dorsale. — ♀, métasternum et base de l'abdomen plans, non excavés; sixième segment abdomidal peu profondément échancré en arc sur le ventre, droit sur le dos. Souvent les femelles ont le connexivum en partie roux en dessus. Long. ♂ 13. ♀ 16—17.

Très-commune dans toute la France, sur les rivières, canaux et étangs d'une certaine étendue.

6 (3) Angle latéral postérieur du sixième segment abdominal moins prolongé et acuminé et formant simplement un triangle aigu. Premier article des antennes plus court que les deuxième et troisième réunis ou aussi long. (*Limnotrechus. Stål.*).

7 (14) Pronotum en grande partie d'un jaune ferrugineux sur le disque.

8 (13) Ventre et dos de l'abdomen noirs.

9 (12) Ventre finement caréné longitudinalement, sans lignes longitudinales de duvet argenté. Connexivum largement jaune en dessous. Sixième segment ventral du mâle à double échancrure, c'est-à-dire que, au fond de la grande échancrure, s'en trouve une plus petite. Ligne latérale flave du pronotum ordinairement interrompue ou raccourcie en avant.

10 (11) Taille de 12 à 14 m. Forme plus élargie au niveau des hanches postérieures. — ♂, sixième segment ventral avec une large dépression longitudinale dans toute sa longueur et limitée par une fine carène. Chaque segment de chaque côté de la ligne médiane avec une dépression longitudinale oblongue très-plate et peu visible.

4 G. COSTÆ. *H.-S.* Dessus brun avec le disque du pronotum d'un jaune ferrugineux ainsi que la ligne médiane sur le lobe antérieur; une ligne latérale jaunâtre tantôt limitée au lobe posté-

rieur, tantôt continuée sur le lobe antérieur; élytres ayant très-souvent quelques taches blanchâtres à la base. Pattes et antennes jaunâtres, les cuisses antérieures avec une bande noire, longitudinale, entière, au côté externe. Dessous du corps noir, le connexivum et l'extrémité de l'abdomen jaunâtres, ainsi que les côtés du prosternum et une grande partie des hanches. Long. 12-14.

Commune dans les hautes montagnes : Hautes et Basses-Alpes, Isère, Pyrénées; se trouve cependant aussi dans le Var.

11 (10) Taille de 10 à 11 m. Forme plus parallèle. — ♂ sixième segment ventral sans dépression longitudinale, les segments ventraux sans dépression de chaque côté de la ligne médiane.

5 G. Thoracica. *Schum. J. Sahl.* ♀ (1) *Fieb. Dgl. Sc.* (***Plebeja. Horv.***). Allongée, dessus noirâtre avec le disque du pronotum d'un jaunâtre pâle, ainsi que la ligne médiane sur le lobe antérieur; une ligne latérale jaunâtre non continuée sur le lobe antérieur qui en est privé. Pattes, antennes, base du bec, côtés du prosternum, extrémité de l'abdomen, connexivum et une grande partie des hanches, jaunâtres. Cuisses antérieures avec une grande ligne externe noire et une autre plus courte au côté interne. Long. 10-11.

Une grande partie de la France : Dunkerque, Lille, Morbihan, Strasbourg, Metz, Basses-Alpes, Sainte-Baume, Toulouse, Aigues-Mortes, Corse.

12 (9) Ventre finement sillonné longitudinalement au milieu et en outre marqué de plusieurs lignes longitudinales formées par le duvet argenté. Connexivum très-étroitement roux en dessous. Forme étroite, parallèle, peu dilatée au niveau des hanches postérieures. Ligne flave marginale du pronotum continuée sur le lobe antérieur. Sixième segment ventral du mâle à échan-

(1) J. Sahlberg ne possédait pas le ♂ de cette espèce; il a décrit ce sexe d'après Flor; il en résulte que les caractères du ♂ se rapportent à l'*Aspera*.

crure simple. Long. 10—11 (Thoracica. Flor., Horv. (1)= *Aspera* Fieb. d'Autriche et Scandinavie)

13 (8) Ventre et dos de l'abdomen en grande partie jaunâtres. Taille et forme un peu élargie du G. Costæ. Ligne latérale jaune du pronotum continuée jusqu'à l'angle antérieur. Sixième segment ventral du mâle à échancrure double. Long. 13. (*Lateralis. Schum.* de Bohème (2)).

14 (7) Disque du pronotum concolore, d'un brun noir.

15 (16) Bord latéral du pronotum avec une ligne marginale jaune qui s'interrompt au niveau de l'étranglement antérieur et ne se prolonge pas sur le lobe antérieur qui en est privé. Un tubercule jaunâtre sur le metasternum.

6 G. GIBBIFERA. *Schum.* (*Paludum Dufour*). Allongée, un peu élargie au niveau des hanches intermédiaires. Noire, une courte ligne médiane jaune sur le lobe antérieur du pronotum; le dessous des trois premiers articles des antennes, les côtés du prosternum, la base du bec, les pattes, des taches sur les hanches, la moitié externe du connexivum et l'extrémité de l'abdomen, jaunâtres; fémurs antérieurs avec des lignes noires, confluentes à l'extrémité. — ♂ tubercule jaune du metasternum plus fort, plus transverse; sixième segment ventral à échancrure double et profonde. Long. 10—13.

Var. Flaviventris. Ventre, metasternum et extrémité du mesosternum d'un flave pâle. Gènes.

Une grande partie de la France : Nord, Vosges, Orléans, Morbihan, Grenoble, Digne, Saint-Tropez, Pyrénées, Gers.

(1) Le Limnotrechus Thoracicus Horv. dont j'ai vu l'exemplaire typique est pour moi le Gerris Aspera. Fieb., puisqu'il a l'échancrure simple, le ventre sillonné et marqué de lignes argentées. — La ligne marginale du lobe antérieur du pronotum est faible, mais cependant visible et nous voyons dans le G. Costæ que ce caractère est sujet à varier. — Dans cet exemplaire, le connexivum, les hanches et l'extrémité de l'abdomen sont un peu plus largement flaves que dans les G. Aspera de Suède, ce qui ne me paraît pas suffisant pour l'en séparer.

(2) Cette espèce n'est peut-être qu'une variété de G. Costæ, H.-S.

16 (15) Bord latéral du pronotum avec une ligne marginale jaune in-terrompue au niveau de l'étranglement antérieur, mais prolongé ensuite sur le lobe antérieur, où elle devient submarginale. Me-tasternum sans tubercule jaunâtre.

17 (20) Mâle sans dents saillantes sur le sixième segment ventral Femelle avec le premier segment génital carré et caréné longitu-dinalement, tectiforme.

18 (19) Cuisses antérieures jaunâtres avec deux lignes noires, l'une externe, l'autre interne, non prolongées jusqu'à la base Antennes en partie jaunâtres en dessous. Processus scutellaire fortement caréné.

7 G. Lacustris. *Lin.* Noirâtre, une petite ligne longitudinale jau-nâtre sur le lobe antérieur du pronotum; le dessous des premiers articles des antennes, les côtés du prosternum, la base du bec, des taches sur les hanches, jaunâtres, ainsi que les pattes le connexivum et l'extrémité de l'abdomen; cuisses antérieures avec deux lignes noires non prolongées jusqu'à la base. — Ventre noir, sixième segment ventral à échancrure double. — Ventre en grande partie flave ou avec trois bandes noires longitu-dinales. Long. 8—10.

Toute la France, sur les eaux tranquilles.

19 (18) Cuisses antérieures noires, la base seule jaunâtre. Antenn noires. Processus scutellaire du pronotum faiblement caréné Taille plus faible.

8 G. Argentata. *Schum.* La plus petite espèce du genre, pl noire en dessus et à duvet du dessous plus argenté que chez s congénères. Noire, antennes entièrement noires, base du bec des cuisses antérieures jaunâtre ainsi que les côtés du pro-ternum; hanches presque entièrement noires, fémurs interm-diaires et postérieurs jaunâtres avec une ligne noire en dessu une petite ligne médiane jaunâtre sur le lobe antérieur du pr-notum; connexivum très-étroitement jaunâtre en dessous; trémité du ventre jaunâtre, le reste noir dans les de

sexes. — ♂ sixième segment ventral à échancrure double. Long. 6 $^{1}/_{2}$ — 8.

Probablement toute la France : Nord, Vosges, Alsace, Rouen, Orléans, Avignon, Toulouse, Corse.

Obs. Les quelques exemplaires répandus dans les collections par M. Meyer-Dür, sous le nom de *Servillei*, *Frey-Gessn.* sont des variétés tantôt de *Lacustris* et tantôt d'*Argentata*, qui ont à l'extrémité des élytres une fente ou échancrure étroite, anguleuse, qui ne me paraît qu'un arrêt de développement accidentel; cette variation se retrouve chez d'autres espèces. L'exemplaire de la collection Fieber, qui vient de Corse, et porte l'étiquette de Meyer-Dür est une Argentata; l'exemplaire de la collection Forel, conservé au musée de Genève est une Lacustris. L'exemplaire typique décrit par M. Frey-Gessner est détruit.

20 (17) Mâle avec deux fortes dents cylindriques, obtuses, obliques et dirigées en arrière, sur le bord postérieur du sixième segment ventral. Femelle : premier segment génital transverse et impressionné transversalement. — Cuisses antérieures noires avec la base seule jaune.

9 G. Odontogaster. *Zett.* Extrêmement voisine de la précédente, en diffère, outre les caractères ci-dessus indiqués, par sa taille un peu plus grande, les hanches intermédiaires et postérieures un peu plus largement maculées de jaunâtre, les fémurs postérieurs moins noirs en dessus. Long. 7 — 8 $^{1}/_{2}$.

Très-rare en France : Hautes-Vosges, Lille.

Lille-Imp. L. Danel

www.ingramcontent.com/pod-product-compliance
Ingram Content Group UK Ltd.
Pitfield, Milton Keynes, MK11 3LW, UK
UKHW020208200726
13856UKWH00003B/1256

9 782013 37845